U0168704

大数据驱动的管理与决策研究丛书

# 食药质量安全

## 大数据分析方法、原理与实践

王海燕 吴小俊 孙秀兰 秦小麟 等／著

科学出版社
北 京

## 内 容 简 介

本书从多学科交叉的视角对食药质量安全管理中的图谱检测大数据分析方法进行了介绍。主要内容包括：①食药质量安全大数据的来源及模态特点，尤其是近年受到普遍关注的图谱快速检测装备及技术；②介绍了信号处理领域最新的压缩感知理论和方法，以及面向新型检测硬件及物联网场景如何实现更加高效的信号采样和数据传输；③针对异构数据统一表征和私有数据格式的规范化问题，介绍了基于标准化领域本体的食药大数据存储和管理方法；④面向对象和领域应用的食药大数据分析和管理决策，通过多个具体案例探讨了机器学习与图谱检测相结合的管理决策新范式。

本书重点面向与食药质量安全相关的化学检测、信息技术和管理决策等领域的学者，不但能够为这些传统领域的学者提供一种多学科的视角，也能够为开展跨领域交叉研究提供参考。

**图书在版编目（CIP）数据**

食药质量安全大数据分析方法、原理与实践 / 王海燕等著. —北京：科学出版社，2024.1

（大数据驱动的管理与决策研究丛书）

ISBN 978-7-03-067133-2

Ⅰ. ①食… Ⅱ. ①王… Ⅲ. ①食品安全－安全管理－研究 ②药品管理－安全管理－研究 Ⅳ. ①TS201.6 ②R954

中国版本图书馆 CIP 数据核字（2020）第 243186 号

责任编辑：魏如萍 孙 曼 / 责任校对：贾娜娜
责任印制：张 伟 / 封面设计：有道设计

科 学 出 版 社 出版

北京东黄城根北街 16 号
邮政编码：100717
http://www.sciencep.com

北京中科印刷有限公司 印刷

科学出版社发行 各地新华书店经销

*

2024 年 1 月第 一 版 开本：720 × 1000 1/16
2024 年 1 月第一次印刷 印张：8 3/4
字数：200 000

**定价：110.00 元**

（如有印装质量问题，我社负责调换）

# 丛书编委会

# 总　序

互联网、物联网、移动通信等技术与现代经济社会的深度融合让我们积累了海量的大数据资源，而云计算、人工智能等技术的突飞猛进则使我们运用掌控大数据的能力显著提升。现如今，大数据已然成为与资本、劳动和自然资源并列的全新生产要素，在公共服务、智慧医疗健康、新零售、智能制造、金融等众多领域得到了广泛的应用，从国家的战略决策，到企业的经营决策，再到个人的生活决策，无不因此而发生着深刻的改变。

世界各国已然认识到大数据所蕴含的巨大社会价值和产业发展空间。比如，联合国发布了《大数据促发展：挑战与机遇》白皮书；美国启动了“大数据研究和发展计划”并与英国、德国、芬兰及澳大利亚联合推出了“世界大数据周”活动；日本发布了新信息与通信技术研究计划，重点关注“大数据应用”。我国也对大数据尤为重视，提出了“国家大数据战略”，先后出台了《“十四五”大数据产业发展规划》《“十四五”数字经济发展规划》《中共中央 国务院关于构建数据基础制度更好发挥数据要素作用的意见》《企业数据资源相关会计处理暂行规定（征求意见稿）》《中华人民共和国数据安全法》《中华人民共和国个人信息保护法》等相关政策法规，并于2023年组建了国家数据局，以推动大数据在各项社会经济事业中发挥基础性的作用。

在当今这个前所未有的大数据时代，人类创造和利用信息，进而产生和管理知识的方式与范围均获得了拓展延伸，各种社会经济管理活动大多呈现高频实时、深度定制化、全周期沉浸式交互、跨界整合、多主体决策分散等特性，并可以得到多种颗粒度观测的数据；由此，我们可以通过粒度缩放的方式，观测到现实世界在不同层级上涌现出来的现象和特征。这些都呼唤着新的与之相匹配的管理决策范式、理论、模型与方法，需有机结合信息科学和管理科学的研究思路，以厘清不同能动微观主体（包括自然人和智能体）之间交互的复杂性、应对由数据冗余与缺失并存所带来的决策风险；需要根据真实管理需求和场景，从不断生成的大数据中挖掘信息、提炼观点、形成新知识，最终充分实现大数据要素资源的经济和社会价值。

在此背景下，各个科学领域对大数据的学术研究已经成为全球学术发展的热点。比如，早在 2008 年和 2011 年，*Nature*（《自然》）与 *Science*（《科学》）杂志分别出版了大数据专刊 *Big Data: Science in the Petabyte Era*（《大数据：PB（级）时代的科学》）和 *Dealing with Data*（《数据处理》），探讨了大数据技术应用及其前景。由于在人口规模、经济体量、互联网/物联网/移动通信技术及实践模式等方面的鲜明特色，我国在大数据理论和技术、大数据相关管理理论方法等领域研究方面形成了独特的全球优势。

鉴于大数据研究和应用的重要国家战略地位及其跨学科多领域的交叉特点，国家自然科学基金委员会组织国内外管理和经济科学、信息科学、数学、医学等多个学科的专家，历经两年的反复论证，于 2015 年启动了“大数据驱动的管理与决策研究”重大研究计划（简称大数据重大研究计划）。这一研究计划由管理科学部牵头，联合信息科学部、数学物理科学部和医学科学部合作进行研究。大数据重大研究计划主要包括四部分研究内容，分别是：①大数据驱动的管理决策理论范式，即针对大数据环境下的行为主体与复杂系统建模、管理决策范式转变机理与规律、“全景”式管理决策范式与理论开展研究；②管理决策大数据分析方法与支撑技术，即针对大数据数理分析方法与统计技术、大数据分析与挖掘算法、非结构化数据处理与异构数据的融合分析开展研究；③大数据资源治理机制与管理，即针对大数据的标准化与质量评估、大数据资源的共享机制、大数据权属与隐私开展研究；④管理决策大数据价值分析与发现，即针对个性化价值挖掘、社会化价值创造和领域导向的大数据赋能与价值开发开展研究。大数据重大研究计划重点瞄准管理决策范式转型机理与理论、大数据资源协同管理与治理机制设计以及领域导向的大数据价值发现理论与方法三大关键科学问题。在强调管理决策问题导向、强调大数据特征以及强调动态凝练迭代思路的指引下，大数据重大研究计划在 2015～2023 年部署了培育、重点支持、集成等各类项目共 145 项，以具有统一目标的项目集群形式进行科研攻关，成为我国大数据管理决策研究的重要力量。

从顶层设计和方向性指导的角度出发，大数据重大研究计划凝练形成了一个大数据管理决策研究的框架体系——全景式 PAGE 框架。这一框架体系由大数据问题特征（即粒度缩放、跨界关联、全局视图三个特征）、PAGE 内核［即理论范式（paradigm）、分析技术（analytics）、资源治理（governance）及使能创新（enabling）四个研究方向］以及典型领域情境（即针对具体领域场景进行集成升华）构成。

依托此框架的指引，参与大数据重大研究计划的科学家不断攻坚克难，在 PAGE 方向上进行了卓有成效的学术创新活动，产生了一系列重要成果。这些成果包括一大批领域顶尖学术成果［如 *Nature*、*PNAS*（*Proceedings of the National Academy of Sciences of the United States of America*，《美国国家科学院院刊》）、*Nature*/*Science*/*Cell*（《细胞》）子刊，经管/统计/医学/信息等领域顶刊论文，等等］

和一大批国家级行业与政策影响成果（如大型企业应用与示范、国家级政策批示和采纳、国际/国家标准与专利等）。这些成果不但取得了重要的理论方法创新，也构建了商务、金融、医疗、公共管理等领域集成平台和应用示范系统，彰显出重要的学术和实践影响力。比如，在管理理论研究范式创新（P）方向，会计和财务管理学科的管理学者利用大数据（及其分析技术）提供的条件，发展了被埋没百余年的会计理论思想，进而提出"第四张报表"的形式化方法和系统工具来作为对于企业价值与状态的更全面的、准确的描述（测度），并将成果运用于典型企业，形成了相关标准；在物流管理学科的相关研究中，放宽了统一配送速度和固定需求分布的假设；在组织管理学科的典型工作中，将经典的问题拓展到人机共生及协同决策的情境；等等。又比如，在大数据分析技术突破（A）方向，相关管理科学家提出或改进了缺失数据完备化、分布式统计推断等新的理论和方法；融合管理领域知识，形成了大数据降维、稀疏或微弱信号识别、多模态数据融合、可解释性人工智能算法等一系列创新的方法和算法。再比如，在大数据资源治理（G）方向，创新性地构建了综合的数据治理、共享和评估新体系，推动了大数据相关国际/国家标准和规范的建立，提出了大数据流通交易及其市场建设的相关基本概念和理论，等等。还比如，在大数据使能的管理创新（E）方向，形成了大数据驱动的传染病高危行为新型预警模型，并用于形成公共政策干预最优策略的设计；充分利用中国电子商务大数据的优势，设计开发出综合性商品全景知识图谱，并在国内大型头部电子商务平台得到有效应用；利用监管监测平台和真实金融市场的实时信息发展出新的金融风险理论，并由此建立起新型金融风险动态管理技术系统。在大数据时代背景下，大数据重大研究计划凭借这些科学知识的创新及其实践应用过程，显著地促进了中国管理科学学科的跃迁式发展，推动了中国"大数据管理与应用"新本科专业的诞生和发展，培养了一大批跨学科交叉型高端学术领军人才和团队，并形成了国家在大数据领域重大管理决策方面的若干高端智库。

展望未来，新一代人工智能技术正在加速渗透于各行各业，催生出一批新业态、新模式，展现出一个全新的世界。大数据重大研究计划迄今为止所进行的相关研究，其意义不仅在于揭示了大数据驱动下已经形成的管理决策新机制、开发了针对管理决策问题的大数据处理技术与分析方法，更重要的是，这些工作和成果也将可以为在数智化新跃迁背景下探索人工智能驱动的管理活动和决策制定之规律提供有益的科学借鉴。

为了进一步呈现大数据重大研究计划的社会和学术影响力，进一步将在项目研究过程中涌现出的卓越学术成果分享给更多的科研工作者、大数据行业专家以及对大数据管理决策感兴趣的公众，在国家自然科学基金委员会管理科学部的领导下，在众多相关领域学者的鼎力支持和辛勤付出下，在科学出版社的大力支持下，大数据重大研究计划指导专家组决定以系列丛书的形式将部分研究成果出版，其中包括在大数据重大研究计划整体设计框架以及项目管理计划内开展的重点项目群的部分成果。希望此举不仅能为未来大数据管理决策的更深入研究与探讨奠定学术基础，还能促进这些研究成果在管理实践中得到更广泛的应用、发挥更深远的学术和社会影响力。

未来已来。在大数据和人工智能快速演进所催生的人类经济与社会发展奇点上，中国的管理科学家必将与全球同仁一道，用卓越的智慧和贡献洞悉新的管理规律和决策模式，造福人类。

是为序。

国家自然科学基金“大数据驱动的管理与决策研究”
重大研究计划指导专家组
2023 年 11 月

# 序　言

食品药品（以下简称“食药”）质量安全是关系国计民生的重大问题，直接关乎人民群众的身体健康和生命安全。随着人民生活水平和品质的提升，对食药的质量安全要求越来越高，与此同时，我国在制度建设方面也相继出台了相关法律法规和标准规范，用以约束和监管食药的生成、加工、流通等各个环节。2016 年 10 月，中共中央、国务院印发《“健康中国 2030”规划纲要》，提出了“完善食品安全标准体系”和“完善国家药品标准体系”。这对于社会各界开展理论方法探索与技术应用创新赋予了新的需求和动力。

近些年来，新兴检测方法、大数据技术和人工智能等现代科技的飞速发展，给食药检测分析的赋能带来了广阔的前景，也催生了大数据驱动的食药质量安全智能管理决策的新思路和范式转变。该系列著作汇集了王海燕教授团队在相关领域的部分研究成果，共分为三部前后承接的专著：《食药质量安全检测技术研究》、《食药质量安全大数据分析方法、原理与实践》和《食品质量安全治理理论、方法与实践》，旨在从检测、数据和管理的视角探讨食药质量安全领域的新兴发展趋势和重要课题，通过理论与实践相结合，体现前沿性、时代感和应用价值。该系列著作具有以下特点。

第一，展现食药质量安全领域的交叉学科属性。一方面，从食药质量安全的角度阐述问题情境、重要特征和求解策略，包括理论方法和应用动态；另一方面，从信息技术的角度阐述问题建模与计量学、大数据分析技术的联系，包括利用机器学习（如深度学习）等智能算法，围绕极具领域特色的图谱检测数据进行处理、分析和预测。此外，通过构建基于食药质量安全领域特点的大数据处理框架、决策驱动范式以及云决策原型系统，成功实施了面向乳制品、中药材等情境的质量安全云决策示范应用。相关成果于 2021 年入选国家自然科学基金委员会科学传播与成果转化中心的成果转化推荐名单，对于行业大数据的赋能实践具有一定的示范和参考价值。

第二，体现理论与实践融合以及产业与学科融合。首先，编写者既有化学分析背景的学者，又有长期从事食药质量安全一线工作的技术人员，还有来自信息领域的工程师。这为融合性知识结构的形成奠定了良好基础。特别是，王海燕教授团队具有多年的融合性研究积累，关注食药质量安全控制理论、食药质量安全检测评估、信息服务和公众教育，形成了“技术主导 + 数据驱动+智能决策”的知识体系，并在食药质量标准化数据源、多源异构质检大数据分析理论与技术、复杂网络系统协同管理、可视化本体建模理论与技术、全景式管理云决策仿真平台等方面产生了一系列创新性的研究成果，在食药质量安全领域凝练形成了具有特色的检测、技术和管理的研究与应用融合方向。

第三，呈现内容逻辑和知识体系上的衔接次第关系。该系列三部专著沿循检测—数据—管理的脉络展开：①《食药质量安全检测技术研究》分别从食药感官质量、理化质量、生化质量的视角，阐释了数据采集与分析、智能识别、高通量鉴别、基于量子计算的图谱数据解析等新技术，进而凝练出了一套食药质量安全检测新技术体系；②《食药质量安全大数据分析方法、原理与实践》从图谱领域数据与机器学习等技术结合的视角，阐释了大数据驱动的食药质量安全分析新范式，并通过实际案例与具体技术方法相契合，以提升知识理解和实操能力；③《食品质量安全治理理论、方法与实践》从质量链视角出发，通过在供需、工艺、监管等层面对食药质量演化机制的表征，深入挖掘相关安全问题的深刻成因和破解路径，并为基于食药大数据的质量安全智能决策系统的建设与应用提供理论方法支撑和管理实践启示。

值得一提的是，近年来国家自然科学基金委员会启动的“大数据驱动的管理与决策研究”重大研究计划，通过部署一系列不同规格的项目，汇聚了一大批国内科研团队在大数据决策范式、大数据分析技术、大数据资源治理、大数据使能创新等方向上开展研究探索和应用示范，为大数据管理决策研究贡献新知并服务国家需求。王海燕教授团队承担了其中的一项重点课题，部分课题进展也在该系列著作中不同程度地得以体现。例如，基于多模态多尺度数据融合理论与技术的探讨，以揭示食药质量安全问题的关键影响因素、丰富领域知识导向的大数据价值发现；构建大数据驱动的全景式食药质量安全管理范式、创新智能快检新技术，以丰富公共安全相关理论方法和决策场景。

在大数据环境下，管理决策要素正在发生着深刻转变，新型决策范式越来越显现出跨域型、人机式、宽假设、非线性的特点。这给食药质量安全领域的理论与实践带来了新的挑战，也提供了更宽广的探索空间。相信该系列著作的出版将使广大读者受益，并在促进我国食药质量安全的产业发展、推动多学科融合和交叉研究、加速构建高水平食药质量安全技术体系等方面发挥积极作用。

陈国青

# 前　言

本书从多学科交叉的视角对食药质量安全管理中的图谱检测（spectroscopic profiling）大数据的分析方法进行了系统介绍，契合了当前的国家大数据发展战略。2015 年，国务院发布了《促进大数据发展行动纲要》（以下简称《纲要》)。《纲要》阐释了多环节数据融合和共享的重要性，指出建立生态环境、生产资料、生产过程、市场流通、加工储藏、检验检测等数据共享机制，推进数据实现自动化采集、网络化传输、标准化处理和可视化运用，提高数据的真实性、准确性、及时性和关联性。本书以食药质量安全管理作为研究目标，在方法上有机结合了图谱检测和大数据分析技术。这种结合是大数据背景下数据驱动的管理决策势在必行的变革方向。本书一方面能够为当前食药质量安全管理中存在的大量多模态异构数据的规范化表达和分析应用提供参考，另一方面也能够为大数据背景下食药质量安全的科学管理决策提供关键技术参考。

本书的研究成果受到国家自然科学基金重大研究计划重点支持项目“大数据驱动的全景式食品质量安全云决策公共服务平台及示范研究”（91746202)、国家重点研发计划项目“特色中药材产业关键技术研究与应用示范”（2023YFD1000400）及国家自然科学基金面上项目“面向中药材道地性判别的多模态表征及融合准则研究”（62376249）的资助。浙江工商大学的王海燕教授和张寅升博士负责总体统筹内容编写和书稿整合校对，南京财经大学的程永波教授和张正勇博士在图谱检测技术介绍和管理决策应用案例方面参与了编写，江南大学的吴小俊、孙秀兰教授在图谱大数据算法和食品安全应用案例方面参与了编写，南京航空航天大学的秦小麟教授在图谱信号处理和数据管理方面参与了编写，中国标准化研究院的许应成研究员在标准化领域本体的构建方面提供了指导，南京中医药大学的陆兔林教授和苏联麟博士在中药材质量识别关键技术及多模态表征的介绍和应用案例方面提供了指导，江苏省中医药研究院的鞠建明研究员在食药基于中医药理论应用方面提供了指导。成书过程中，向剑勤、容典和赵亚菊博士为本书提供了必要的内容素材，在此一并表示感谢。

大数据对传统产业的赋能和变革是一个必然趋势，近些年笔者在食药质量安全管理领域开展了多学科交叉研究，取得了初步成果，并通过本书进行了梳理，希望能在相关领域起到抛砖引玉的作用。

笔者自认才疏学浅，更兼精力有限，对最新技术的把握和探索难以与时俱进，书中疏漏之处恐在所难免。望专家同行和莘莘学子不吝赐教，在此表示感谢。

作　者

# 目　　录

# 第1章　食药质量安全数据的领域特点及研究现状

本章概要：首先介绍食药质量安全的问题背景和研究现状，通过文献计量分析，引出大数据驱动的管理决策新趋势和新范式。然后介绍了食药质量安全大数据的来源，特别是极具领域特色的图谱检测大数据，并介绍其领域特点及带来的独特挑战。最后提出图谱大数据的分析流程和生命周期，并引出本书的章节结构。

## 1.1　食药质量安全问题背景及研究现状

食药质量安全是关乎民生的重大问题。以婴幼儿配方奶粉为例，自三聚氰胺奶粉事件以来，与奶粉相关的恶性事件仍然存在。此类恶性事件对食药行业和市场格局产生了深刻影响，导致消费者普遍对国产品牌信任不足，国有品牌遭受重创。食药质量安全已成为转型时期我国面临的重大民生问题。党的十九大报告重申“实施食品安全战略，让人民吃得放心”。党的二十大报告强调“强化食品药品安全监管”。

食药质量安全是一个涉及多学科的综合性研究领域。本节将对食药质量安全的几大研究方向和相关工作进行梳理，具体包括：关键因素分析、公共管理理论研究和研究趋势。

### 1.1.1　食药质量安全关键因素分析

食品和药品的质量安全是涉及多个主体、多个阶段的复杂性问题，包括生产、分销、包装、保存等。同时，它也与多种因素有关，如监管、科技、金融、社会和环境因素。影响食药质量安全的因素涉及方方面面，非常复杂，但大致可以从表征因素、过程控制因素、制度因素三个方面进行归类。

（1）表征因素：影响食药质量安全的主要因素有六个方面：①水、土壤和空气等农业环境资源的污染；②种植业和养殖业生产过程中使用的化肥、农药、生长激素致使有害化学物质在农产品中残留；③农产品加工和储藏过程中违规或超量使用食品添加剂（如防腐剂）；④微生物污染引起的食源性疾病；⑤新原料、新工艺带来的食药质量安全风险，如转基因食品的安全性；⑥科技进步对食药质量安全控制带来新的挑战。目前影响中国食药质量安全的主要因素是微生物污染所造成的食源性疾病，如沙门氏菌等引起的食物中毒；其次是农药、兽药、生长调节剂等农用化学品的不当使用，导致农作物和畜产品中农药、兽药残留超标，如瘦肉精事件等。

（2）过程控制因素：食药质量安全问题涉及生产、加工到销售的整个供应链过程。从过程管理的视角来看，导致食药质量不安全的因素主要有四个方面：生产过程中的不安全因素、加工过程中的不安全因素、包装容器对食药的污染、生产经营者在食药中掺杂使假。生产和流通对食药质量安全和农产品贸易的影响，主要源于当前中国消费流通领域的法规体系不完善、流通市场的规范化和标准化程度不高。食药质量安全控制的技术水平和管理水平低是导致流通环节二次污染的主要原因。另外，食药生产和流通链条中存在的信息不对称以及加工过程中的质量控制不完善是食药质量安全问题产生的主要原因。关于消费环节的食药质量安全问题及因素，主要在于不同特征的个体消费者对食药质量安全认知的程度和消费行为的特点不同，其中，收入、消费者的安全忧虑度、对健康信息的关注度等是造成差异的重要因素。

（3）制度因素：政府规制、管理制度等方面对食药质量安全问题的影响有其深层次的原因。将中美食药质量安全管理体制比较研究后认为，中国的质量安全体系在法律标准、组织体系、技术保障体系等方面尚存在差距。政府监管投入成本过高、监管体制与机制不到位、部分监管人员责任心不强、监管信息不畅、监测与预警机制失灵等是中国食药质量安全监管中存在的主要问题。中国食药质量安全管理存在的制度缺陷主要包括：缺乏专业的管理部门；生产者和消费者之间存在严重的信息不对称；食药质量安全制度缺乏创新激励；食药消费者只具有有限理性，生产者机会主义特征明显；制度执行不力等。

### 1.1.2 食药质量安全的公共管理理论研究

由于食药质量安全公共管理体系是一个涉及政府、企业、消费者等各方面的复杂系统，不仅有技术层面的因素，还有经济、环境、制度等层面的因素。通过考察世界各国食品质量安全管理的理论与实践，在其纷繁复杂的表象背后，学者们建立了一系列的相关支撑理论，其中具有代表性的研究视角主要包括以下几个方面。

（1）食药质量安全管理的信息效率论：Souza Monteiro 和 Caswell[1]，以及Antle[2]认为由于食药安全信息属于公共物品，且往往具有不完全性，利用交易费用经济学和不完全契约理论，研究认为市场机制下监管政策效能的高低关键取决于合适的信息制度。乔娟[3]、刘增金等[4]的研究都表明，在没有外力干预的市场机制作用下，食品安全信息不对称会导致生产者的机会主义行为倾向；刘为军等[5]、王锋等[6]、Pillai 和 Chakraborty[7]则从信息不对称理论出发，研究了我国食品消费市场中的质量信息传递问题，并提出政府应建立食品安全的专门机构，以促进食品安全信息的有效传递。

（2）食药质量安全管理的主体行为论：对食品药品安全的有效监管是政府和企业对社会最基本的责任和必须做出的承诺，具有政治性、经济性、唯一性和强制性等[8]；孙宝国等[9]、Mol[10]认为食品安全可看作是一种“社会约定”，具有社会性，明确主张政府应对食品安全负责；Trienekens 等[11]从供需匹配效率方面分析了政府在食品安全市场准入制度的设计方面的作用；而 Oosterveer 等[12]则认为知识性消费者（具有获取信息、处理信息的能力）完全能断定产品的安全性，提出在具有完全信息的竞争市场和具有不完全信息但企业信用等级高的市场，消费者才是产品安全的责任人；Resende-Filho 等[13]从消费者的质量安全偏好出发，探讨了生产企业的质量安全行为的差异性规则。

（3）食药质量安全管理的管制成本论：Hoffmann 等通过发展中国家的案例发现食品质量与品牌价值呈现正相关，拥有品牌价值的企业通常具有更高的溢价收益和守法意识，相应的政府监管成本低于小微企业[14]；Beske 等[15]用经济工程法，证明了食品安全成本中的质量成本是日益增加的；Manzini 等[16]在激励契约绩效研究中，具体探讨了政府保证食品安全的价格贴水模型；Lam 等[17]对食品质量安全的政府管制成本进行了研究。

（4）食药质量安全管理的数据标准论：20 世纪 80 年代中期之后，学者们纷纷从经济学、战略管理学、法学和政治学等角度对食品质量安全技术标准的可行性问题展开了广泛而深入的研究[18-25]。van Asselt 等[21]指出食品安全的保障机制依赖于生产技术标准的国际化；Dabbene 等[25]认为生产技术标准是食品安全的基础标识，建立了完善的室间质量安全评价和室内质量安全控制数据比对计划（美国等国家是以法律法规来规定的），对检验结果的质量安全评估和质量安全控制起到积极作用。每类产品都对应着相应的指令、认证模式及测试方法，并由公立主管当局负责市场监督。美国将合格评定的重点放在协调全球范围内食品数据标准应用的有效性方面，其战略目标是使食品安全满足消费者健康、公共安全、国家安全和社会环境安全的需求。

可见随着食药质量安全公共管理面临的原料全球化、工艺快速化、感官相似化、数据离散化、质量隐形化、偏好多元化等决策信息的特征不断变化，决策环境已经由确定型向不确定型转变，决策过程正在由结构化向非结构化过渡，因此大数据驱动的新范式可为食药质量安全的公共管理提供系统的解决思路。

### 1.1.3　食药质量安全的研究趋势

1. 发文量增长趋势

国外数据来源于 Web of Science 数据库的核心合集，国内数据来源于中国知网平台收录的中国科学引文数据库（Chinese Science Citation Database，CSCD）和南京大学中国社会科学引文索引（Chinese Social Sciences Citation Index，CSSCI）数据库的期刊论文，检索时间为 2021 年 11 月。在 Web of Science 核心合集检索框的“主题”字段中检索：（machine learning OR big data OR deep learning OR ontolog* OR neural network*）AND（traditional medicin* OR medicinal material* OR food OR herb*）AND（detect* OR identif*），可以检索到 3565 条文献记录，为确保文献数据的质量和相关度，将检索结果的文献类型限定为期刊论文，去除书评、会议论文等其他文献。在对检索结果进行精炼以后，还保留了 3204 篇论文。CSCD 和 CSSCI 分别收录了中国自然科学与社会科学领域的重要期刊，这两个数据库的检索结果基本可以涵盖国内食药大数据研究的主要领域。在中国知网期刊数据库通过专业检索功能检索“SU%（人工智能 + 机器学习 + 神经网络 + 大数据 + 深度学习 + 本体 + 算法 + 图谱 + 快检 + 快速检验 + 分类器）AND SU%（检测 + 识别 + 鉴定）AND SU%（食品 + 药材 + 中药）”，来源类别限定为“CSSCI”和“CSCD”，时间范围为系统默认年限，可获得 1434 条文献记录。对国内外该领域发文量初步的统计结果如图 1-1 所示，显然国外该领域的发展势头更强。

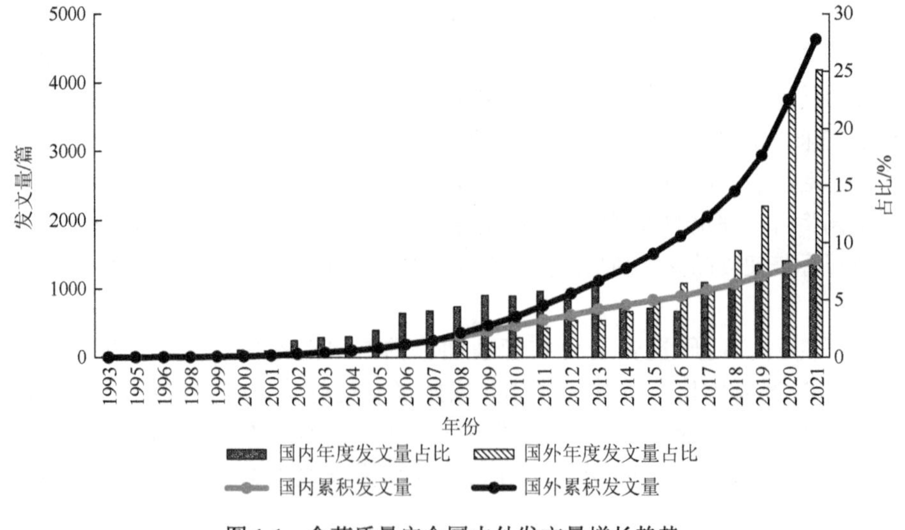


图 1-1　食药质量安全国内外发文量增长趋势

2. 国外相关研究热点分析

运用文献计量分析工具 VOSviewer 对中英文的文献题录数据进行分析。VOSviewer 是由荷兰学者 Nees Jan van Eck 和 Ludo Waltman 共同开发的分析工具，该软件可实现对标准化的文献题录数据进行自动化提取和处理，实现关键词共现分析，可用于探究学科领域的研究现状与趋势。

从国外食药大数据研究文献中共提取了 16 106 个关键词，频次在 5 次以上的关键词共有 998 个，通过 VOSviewer 软件的关键词聚类功能大致可获得以下聚类（关键词共现网络见图 1-2，高频关键词见表 1-1）：食药检测结果的分类与预测、机器学习、深度学习、大数据与本体、基因表达、网络药理学、营养学。以上聚类可以进一步合并为三大主题：一是共现网络左侧包含三个聚类的食药大数据技术与机器学习方法在食药检测分析中的应用研究主题，主要研究各类新技术和方法与食药传统检测分析方法的结合和应用；二是共现网络中间区域的大数据分析方法在食药供应链、舆情与消费行为需求中的应用研究主题，主要基于文本数据与机器学习方法展开研究；三是共现网络右侧包含三个聚类的大数据分析方法在食药活性成分与作用机制分析中的应用研究主题，主要研究新技术在食药领域其他情景中的应用，旨在解决基因表达、药理分析与食药质量安全治理管理决策等具体问题。下面对三大主题分别展开介绍。

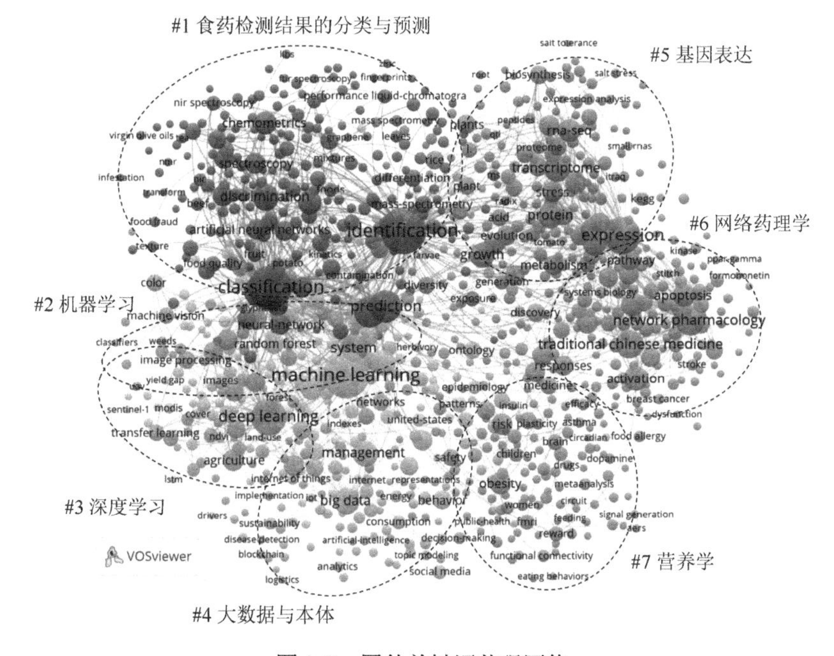


图 1-2　国外关键词共现网络

**表 1-1 国外高频关键词**

| 序号 | 词汇 | 聚类 | 频次 | 序号 | 词汇 | 聚类 | 频次 |
|---|---|---|---|---|---|---|---|
| 1 | identification | 1 | 388 | 21 | cells | 2 | 73 |
| 2 | machine learning | 4 | 375 | 22 | artificial neural network | 1 | 71 |
| 3 | classification | 1 | 329 | 23 | neural-networks | 1 | 68 |
| 4 | expression | 3 | 223 | 24 | apoptosis | 2 | 67 |
| 5 | deep learning | 7 | 201 | 25 | chemometrics | 1 | 95 |
| 6 | prediction | 1 | 153 | 26 | RNA-seq | 3 | 94 |
| 7 | food | 1 | 148 | 27 | selection | 4 | 87 |
| 8 | network pharmacology | 2 | 128 | 28 | mechanisms | 2 | 84 |
| 9 | quality | 1 | 119 | 29 | obesity | 5 | 83 |
| 10 | system | 7 | 111 | 30 | gene-expression | 3 | 83 |
| 11 | traditional Chinese medicine | 2 | 105 | 31 | tool | 3 | 79 |
| 12 | transcriptome | 3 | 97 | 32 | agriculture | 7 | 74 |
| 13 | big data | 6 | 13 | 33 | genes | 3 | 56 |
| 14 | discrimination | 1 | 14 | 34 | risk | 5 | 55 |
| 15 | management | 6 | 15 | 35 | health | 6 | 54 |
| 16 | protein | 3 | 16 | 36 | random forest | 4 | 54 |
| 17 | growth | 3 | 17 | 37 | artificial intelligence | 7 | 53 |
| 18 | model | 4 | 18 | 38 | pathway | 2 | 53 |
| 19 | gene | 3 | 19 | 39 | arabidopsis | 3 | 52 |
| 20 | activation | 2 | 20 | 40 | convolutional neural network | 7 | 52 |

一是大数据技术与机器学习方法在食药检测分析中的应用。该主题的高频关键词有 identification、classification、prediction、food、quality、discrimination、artificial neural network、chemometrics、electronic nose、neural-network、machine learning、model、selection、random forest、performance、deep learning、system、agriculture、artificial intelligence、convolutional neural network 等。

对食药成分、污染物进行识别、分类与预测是食药领域应用大数据分析方法开展研究的主要目标，而机器学习方法则是实现这些目标的主要手段，因此，本书第 5 章将介绍机器学习与图谱检测相结合的管理决策新范式。在以往食药检测分析过程中，主要借助于色谱仪、光谱仪、质谱仪和电子鼻/电子舌等设备采集食药成分和特征数据，再运用主成分分析（principal component analysis，PCA）、相关性分析等方法对成分与特征数据的关联进行揭示，但这类方法在样本大小、结果准确性与分析效率方面都存在比较大的局限性。近年来，大数据分析方法与传统化学分析、药理分析和基因分析等方法进行结合，极大地提升了食药检测分析的效率与准确性，智能化分析方法的应用也使检测分析的时间大大缩短，为实现食药快速检测创造了有利条件。通过分析从文献中提取出的高频关键词可以发现，被运用于食药检测的大数据分析方法不仅有回归分析、随机森林（random forest，RF）、支持向量机（support vector machine，SVM）等常规机器学习方法，同时也有人工神经网络（artificial neural network，ANN）、卷积神经网络（convolutional neural network，CNN）等深度学习方法。例如，SVM、ANN、CNN 等方法被用于识别不同品种的印度草药图像，结果显示，SVM 超参数通过贝叶斯优化进一步调整，可以更好地提升模型性能，而从 ANN 中所学习的 DeepHerb 模型的准确率超过 97.5%，该模型可以每秒 1 张的速度识别草药图像[26]。计算机视觉与深度学习结合的方法已被广泛用于快速识别菊花茶[27]、葡萄[28]、葵花籽[29]、薯片成分[30]等，模型的检测识别结果均能达到比较高的准确率。Arora 等指出，深度学习方法有效弥补了液相色谱-质谱法（liquid chromatography-mass spectrometry，LC-MS）等传统鉴定方法耗时长、具有破坏性和专业性强等不足，且避免了传统机器学习方法需手动谨慎选择特征的问题，因而获得了越来越多的关注与应用。目前已运用于食药大数据分析的深度学习框架有 AlexNet、VGG、MobileNet、GoogleNet 和 ResNet 等，这些框架用于食药大数据分析在结果准确性与训练时间方面各有千秋。通过分析食药领域已有文献应用大数据分析方法的具体用途可以发现，这类新技术主要被用于对食品与药品的种类或品种及产地进行分类和识别、对食药中的化学成分进行鉴定、对食药的污染物进行监测等，其基本分析流程与方法的应用过程大致相似。

二是大数据分析方法在食药供应链、舆情与消费行为需求中的应用。该主题的高频关键词有 big data、management、health、behavior、impact、information、ontology、networks、design、prevalence、product、diagnosis、framework、time、traceability、consumption、knowledge、challenge 等。

除检测数据分析外，大数据分析方法还被用于分析食药供应链、质量安全舆情及消费者行为与需求等，以辅助食药质量安全治理的决策。在开展这类研究时，不仅需要运用食药检测、监测的数据，同时也需要用到各种来源的文本数据。这些与食药供应链、舆情以及社会大众密切相关的文本主要为食药成分的相关词汇与知识、食药企业新闻报道、社交媒体与网络平台用户发布的食药相关消息和评论等，对这些数据进行分析时需要先进行文本挖掘处理，将其通过表示学习方法转化为文本向量以后就可运用机器学习、深度学习的方法对文本数据进行本体构建、分类、预测等分析。综合运用大数据分析（主题建模）、内容分析和多元回归分析等多种方法分析用户对网络平台所列出餐厅的评论，可帮助探索和评估影响食物过敏消费者在满足无过敏原要求时对餐厅看法的因素。在确定的 40 个主题中，“知识渊博的员工”是最受关注的主题，与“员工的努力”相关的四个主题对餐厅评分的正面影响最大，而与“沟通”相关的两个主题的负面影响最大[31]。谷歌搜索引擎查询数据被用于研究全球消费者对有机食品的兴趣，在这项研究中，深度学习方法被用于分析消费者对各类食品的关注程度以及国内生产总值（gross domestic product，GDP）、预期寿命、其他文化维度（如个人主义、不确定性规避和长期导向）对消费者对有机食品兴趣的影响。结果显示，递归神经网络（recurrent neural network，RNN）模型可用于预测随着时间推移人们对主要有机食品的兴趣[29]。一项研究利用40万名用户的110万条推特信息，综合运用自然语言处理（natural language processing，NLP）技术、基于本体的命名实体识别方法、机器学习算法和图挖掘技术等多种方法，分析了这些信息与当前最流行的饮食时尚所存在的关联，认为这些时尚正在演变成一个价值数十亿美元的产业，即无麸质食品[32]。此外，文本机器学习方法还被用于识别食品欺诈事件。以蜂蜡为例，在欧洲媒体监测/医疗信息系统（Europe Media Monitor/Medical Information System，EMM/MEDISYS）上共检索到2276篇新闻文章，并将其分为10个主题，显示出所提取的主题与蜂蜡掺假存在着不同程度的相关性，且最相关的主题确实包含有关官方来源报道的蜂蜡掺假事件文章，因此潜在狄利克雷分配（latent Dirichlet allocation，LDA）主题模型可用于快速处理媒体中的信息，支持在EMM/MEDISYS上定义更具体的欺诈过滤器，并可直接供参与监测、评估和管理的所有利益相关者识别欺诈[33]。

三是大数据分析方法在食药活性成分与作用机制研究中的应用。该主题的高频关键词有network pharmacology、traditional Chinese medicine、activation、cell、apoptosis、mechanisms、pathway、expression、transcriptome、protein、growth、RNA-seq、gene-expression、obesity、risk、response、network、food-intake等。

这类研究与大数据分析方法在食药检测分析中的应用有很大不同，主要是将基因表达、网络药理分析等方法与大数据分析方法进行结合，基于大规模的草药数据、基因表达数据，运用机器学习方法建立药物与病症之间的关联关系，从而为新药开发、药理分析提供支持。例如，以人类细胞系的大规模基因表达谱数据、人类疾病的基因表达谱数据和已知药物与疾病之间的关系数据作为数据来源，一种基于机器学习的药物再利用方法被应用于探索药物与疾病之间的反相似性[34]。基因表达和基因甲基化谱数据还被用于急性食物过敏事件的风险评估与免疫机制研究，一项研究运用机器学习方法对基因数据进行处理与分析，为基于生物标志物发现基础疾病的病理生理学提供了基本方法，进而为防范急性食物过敏事件的发生提供依据[35]。许多研究将网络药理学、机器学习方法进行结合，以中药成分检测数据、药理数据为数据集，通过识别中药有效成分与靶点之间的关系，分析了中药及其复方制剂治疗特定疾病的机理。例如，一项研究基于网络药理学、机器学习、分子对接和实验验证，研究了肾炎康复片治疗肾小球肾炎（glomerulonephritis，GN）的潜在机制，该研究共筛选出肾炎康复片中的 154 种有效成分和 255 个靶点，鉴定出 135 个靶点与 GN 相关，机器学习模型的结果表明其中两个基因位点可能是关键目标[36]。运用同样的方法，脑德生方剂[37]、槲皮素[38]、稳心颗粒[39]、复方中节风气雾剂[40]等中药或中药方剂治疗阿尔茨海默病、甲型流感病毒、心律失常、慢性咽炎等疾病的机制得到了揭示。此外，机器学习方法还被用于分析食物摄入和身体活动之间的关系，以实现对肥胖症的预测和人体有关营养物质摄入量的控制。例如，一项研究提出了一系列设计和制造眼镜式可穿戴设备的协议，可检测食物摄入和其他身体活动期间颞肌活动的模式[41]。

### 3. 国内相关研究热点分析

从国内食药大数据分析方法研究文献中共提取了 3416 个关键词，频次在 2 次以上的关键词共有 650 个，这些关键词也通过 VOSviewer 软件的关键词聚类功能实现了聚类（关键词共现网络见图 1-3，高频关键词见表 1-2）。

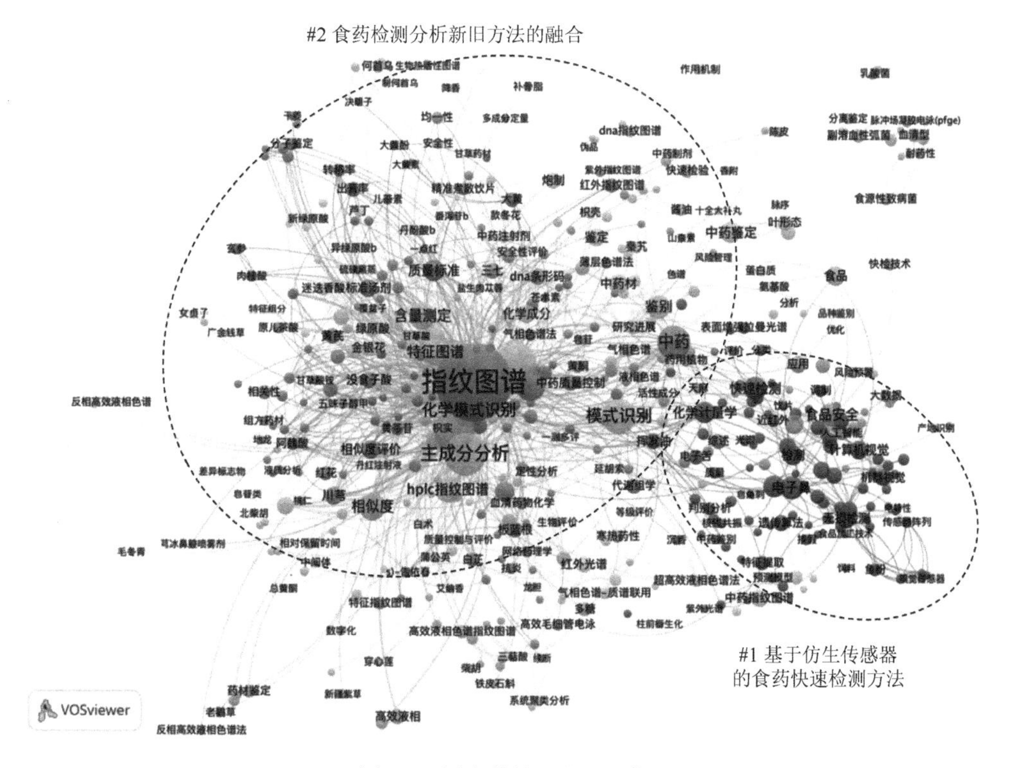


图 1-3　国内关键词共现网络

**表 1-2　国内高频关键词**

| 序号 | 词汇 | 聚类 | 频次 | 序号 | 词汇 | 聚类 | 频次 |
|---|---|---|---|---|---|---|---|
| 1 | 指纹图谱 | 2 | 526 | 21 | 中药鉴定 | 18 | 21 |
| 2 | 主成分分析 | 19 | 113 | 22 | 质量标准 | 8 | 20 |
| 3 | 聚类分析 | 10 | 109 | 23 | 食品 | 4 | 18 |
| 4 | 高效液相色谱法 | 12 | 106 | 24 | 人工神经网络 | 6 | 18 |
| 5 | 质量控制 | 11 | 97 | 25 | 检测 | 1 | 18 |
| 6 | 高效液相色谱 | 2 | 96 | 26 | 中药材 | 11 | 18 |
| 7 | 模式识别 | 19 | 73 | 27 | 谱效关系 | 2 | 17 |
| 8 | 化学模式识别 | 7 | 66 | 28 | 无损检测 | 1 | 17 |
| 9 | 中药 | 2 | 65 | 29 | 相似度评价 | 3 | 15 |
| 10 | 质量评价 | 5 | 53 | 30 | 色谱指纹图谱 | 14 | 15 |
| 11 | 相似度 | 17 | 37 | 31 | 川芎 | 5 | 14 |
| 12 | 含量测定 | 12 | 37 | 32 | 计算机视觉 | 1 | 14 |
| 13 | 特征图谱 | 12 | 37 | 33 | 化学成分 | 12 | 14 |
| 14 | HPLC 指纹图谱 | 19 | 35 | 34 | 鉴定 | 11 | 14 |
| 15 | 食品安全 | 6 | 29 | 35 | 正交偏最小二乘-判别分析 | 21 | 13 |
| 16 | 电子鼻 | 1 | 27 | 36 | 标准汤剂 | 8 | 13 |
| 17 | 鉴别 | 16 | 27 | 37 | 支持向量机 | 1 | 13 |
| 18 | 快速检测 | 1 | 24 | 38 | 应用 | 6 | 13 |
| 19 | 近红外光谱 | 1 | 22 | 39 | 中药指纹图谱 | 15 | 13 |
| 20 | 化学计量学 | 1 | 21 | 40 | 绿原酸 | 13 | 12 |

国内食药大数据分析方法研究文献大致可以分为以下两大主题。

一是基于仿生传感器的食药快速检测方法研究。该主题包含的高频关键词有仿生传感器、快速检测、近红外光谱、化学计量学、检测、无损检测、计算机视觉、支持向量机、神经网络、机器视觉、图像处理、识别、遗传算法、挥发油、深度学习、高光谱成像技术、卷积神经网络、特征提取等。

根据文献检索结果，国内在电子鼻和电子舌两类仿生传感器上的研究较为集中。其中，电子鼻利用特定的传感器和模式识别系统能快速测出被测样品的整体气味、口味信息，它通常结合主成分分析、线性判别或传感器载荷分析共同完成对气味、口味的检测[42]，能较好地区分食品或药材的品种和产地，预测储存条件和储存时间，评价品质优劣。目前其已在肉制品[43]、酒类[44]、水产[45]、蔬果[46]、粮食[47]、调味品[48]等领域得到广泛应用。其中，食品及药材的气味、口味等指纹图谱可以通过利用电子鼻、气相色谱-质谱法、固相微萃取与气相色谱-质谱法联用等挥发性成分分析技术将挥发性气味物质的数据录入，从而得到特征性图谱[49]。电子鼻气味指纹图谱结合反向传播神经网络（back propagation neural network，BPNN）算法能够快速、便捷、准确地实现判别和回归[50]。电子鼻的 10 个传感器对不同类型的洋葱提取液的响应值有显著性差异（$p<0.05$），与费希尔（Fisher）判别方法相比，电子鼻技术结合反向传播神经网络更适合对不同类型洋葱提取液的识别[51]。陈远涛等[52]以水果、蔬菜、肉类为检测对象，利用设计的电子鼻系统对样品进行检测，将测试得到的样本数据用于建立线性判别分析（linear discriminant analysis，LDA）、SVM 和 CNN 模型。LDA、SVM、CNN 识别准确率分别为 45.00%、85.00%和 90.00%。赵笑颖等[53]通过感官评定、电子鼻和顶空气相色谱-离子迁移谱（headspace gas chromatography-ion mobility spectroscopy，HS-GC-IMS）探究采用不同料酒（啤酒、白酒、黄酒）腌制罗非鱼，比较其油炸后的风味差异。李露芳等[54]采用 PCA、判别因子分析（discriminant factor analysis，DFA）及 BPNN 识别不同品牌酱油，试验确定了电子舌识别酱油的最优条件，结果显示，PCA、DFA 的前 2 个主成分贡献率分别达 83.8%和 98.1%，判别函数正判率达 99.3%，BPNN 的判别能力最强，正判率达 100%。电子鼻气味指纹图谱结合极限梯度提升（extreme gradient boosting，XGBoost）建立的判别模型可以实现姜黄属中药郁金、莪术、姜黄、片姜黄的快速准确鉴别，效果要优于传统的支持向量机、随机森林、神经网络，为中药智能鉴别提供一种快速、可靠而有效的分析方法[55]。

二是食药检测分析新旧方法的融合研究。该主题包含的高频关键词有指纹图谱、主成分分析、聚类分析、高效液相色谱法（high performance liquid chromatography，HPLC）、质量控制、高效液相色谱、模式识别、化学模式识别、中药、质量评价、含量测定、特征图谱、相似度、HPLC 指纹图谱、食品药品安全、鉴别、中药鉴定、质量标准等。

除了以上提及的仿生传感器外，色谱、光谱和质谱等仪器设备在食药检测分析中也得到了大量运用。通过这些检测设备积累的大量数据和相应的大数据分析方法为食药检测分析应用提供了重要支持。目前不仅有利用相似度评价、主成分分析等方法鉴别食药质量安全风险的研究，也有利用机器学习方法评估和预测食药质量安全风险的研究。相关研究成果十分丰硕：使用主成分分析-最小二乘支持向量机预测模型鉴别地沟油[56]、使用层次分析法（analytic hierarchy process，AHP）评价水产品孔雀石绿的残留风险[57]、使用生长动力学模型预测蛋糕中金黄色葡萄球菌的生长速率[58]等。所研究的内容是在宏观层面上提升食品质量安全水平所亟待解决的各种问题，如使用关联规则算法探寻保障食品质量安全的关键因素[58]、使用递归神经网络算法对食品质量安全描述文本的情感倾向进行分类[58]、通过构建贝叶斯网络对白酒质量安全进行预测[59]等。在传统分析方法与大数据分析方法的比较研究方面，许多研究已经揭示出以机器学习方法为代表的大数据分析方法在智能化、分析能力和检测速度等方面都要远优于传统分析方法。例如，邱丽媛等采用相似度分析、多元统计分析、主成分分析、聚类分析、偏最小二乘-判别分析（partial least squares discriminant analysis，PLS-DA）、逻辑回归分析、遗传算法-反向传播神经网络（genetic algorithm-back propagation neural network，GA-BPNN）等多种方法识别醋香附饮片等级并预测其挥发油中 $\alpha$-香附酮、香附烯酮含量，结果显示，PLS-DA、逻辑回归分析的结果与主成分分析、聚类分析结果一致，但利用 GA-BPNN 建立的醋香附饮片等级预测模型预测准确率达到了 89.74%，该方法能快速准确地预测醋香附饮片等级[60]。近几年，许多学者开始综合使用多种方法进行食药检测分析。例如，指纹图谱分析方法结合 PCA 和 PLS-DA 化学模式识别技术，可系统、全面地评价贯叶金丝桃的质量[61]。朱岩等[62]提出将中药化学特征鉴别与生物活性评价融为一体的综合性评价模式——谱效整合指纹谱。张娟等[63]利用电子鼻结合统计学分析对掺入猪肉的掺假牛肉进行定性和定量研究，结果显示，采用 $K$ 均值聚类分析法提取的特征值能更全面地反映电子鼻的响应信号，同时判别分析能更好地对掺假牛肉进行定性检测，BPNN 方法的效果明显优于其他两种统计学分析方法，使用该方法进行建模分析能更好地预测掺假牛肉中猪肉的含量。

4. 趋势分析与小结

运用文献计量软件对国内外食药质量安全图谱检测大数据分析方法研究的相关文献进行了分析，通过构建关键词共现网络实现了研究主题的聚类。研究显示，国外该领域的研究主要集中在大数据技术与机器学习方法在食药检测分析中的应用，大数据分析方法在食药供应链、舆情与消费行为需求中的应用，以及大数据分析方法在食药活性成分与作用机制研究中的应用三个主题；国内该领域的研究主要集中在基于仿生传感器的食药快速检测方法研究和食药检测分析新旧方法的融合研究两个主题。可以看出，国外该领域对大数据分析方法的应用更加全面，不仅涉及食药检测领域，同时也将大数据分析方法应用到了食药质量安全治理与食药活性成分及其作用机理的研究中，而国内该领域在应用大数据分析方法时则更加关注如何在检测方法上实现创新，以提升食药检测分析准确率和缩短检测分析时间，研究的重点是机器学习方法的创新应用及其与传统检测分析方法的融合，以实现快速检测。具体来看，国内外食药质量安全图谱大数据分析方法研究呈现出以下两个方面的趋势。

（1）食药质量安全大数据分析方法的准确度、效率越来越高，且所分析的数据类型也越来越广泛，以解决食药质量安全多方面的问题。传统食品质量检验技术大部分通过随机抽取食品样本，以化学检验方法为主。在部分场景中，试剂法虽然准确率高，但其存在着检验成本较高、检验周期长、属于破坏型检验方法、普适性不强，以及随机取样存在一定的检验盲区等缺点。随着人工智能技术的成熟，通过大数据技术对特定食药品类进行检验的方式逐渐兴起，以计算机视觉技术、射频识别技术、物联网（internet of things，IoT）技术、数据挖掘等为基础开展检测的大数据技术结合图谱检测技术应用于食药检测具有检验范围广、检验效率高、无须破坏样品、普适性高等优点。国内外应用大数据分析方法实施食药检测分析的研究文献均越来越强调结果的准确性和检测的效率，而要实现该目标需要从方法改进、数据采集和机器学习模型优化等方面做出多方面的努力。此外，除食药检测数据外，与食药相关的文本数据、基因表达数据以及其他知识库的数据也受到了越来越多的关注，被运用到食药质量安全相关情景具体问题的解决过程中，可以解决食药检测分析、食品溯源、舆情分析、安全风险评估与治理等多方面的问题，这些问题的全面解决是凭借单一某个方面的数据所难以实现的。

（2）多种数据与方法融合以实现食药质量安全快速检测正在成为国内外该研究领域的趋势。我国最新的《中华人民共和国食品安全法》等法规明确了食品快速检测的法律地位，这也引导着学术界对食药质量安全的研究日益朝向快速检测的方向发展。图谱检测技术在食药安全检测中具有明显优势，可以在保障检测结果的同时缩短检测时间，保障食药流通不受影响。通过比较国内外该领域的研究现状可以发现，国内对食药快速检测技术的关注程度明显要更高一些。值得注意的是，快速检测往往很难利用某个方面的数据或单一某种分析方法实现，而是需要整合多方面的数据提取特征，取各类分析方法之所长，才能尽可能缩短检测时间。目前，智能感官技术、物联网技术以及多谱联用技术日益发展成熟，为全面采集多来源的食药监测数据提供了有利的条件，但此过程中仍然需要重点解决多来源数据融合与优化、质量安全综合评价等问题。食药检测正朝向检测项目日益齐全、检测结果更加准确、检测速度更快、设备更加便携的方向发展，而大数据分析方法在保证检测准确性与速度方面有比较明显的优势，如何将基于大数据分析方法的食药快速检测技术应用于实践，开发功能齐全、适用性强、方便快捷的设备，这是今后需要重点研究的方向。

## 1.2　食药质量安全图谱检测大数据的来源及其领域特点

### 1.2.1　食药质量安全大数据的来源

食药质量安全涉及种植、养殖、加工、包装、储藏、运输、销售、消费等各个环节，因此，对食药的管控不应只针对终端消费的产品，而是应在整个产品周期的各个关键窗口期实施跟踪检测[64]。典型的关键窗口期数据包括：①感官数据，如电子鼻、电子舌、电子眼等仿生传感器数据；②理化数据，包括折光率、密度、溶解度、旋光度等物理参数，以及拉曼光谱、气/液相色谱、飞行时间质谱等揭示化学成分的图谱数据；③微生物数据，如显微镜图片、聚合酶链式反应（polymerase chain reaction，PCR）等。

实践中，这些窗口期检测数据在信息来源、数据类型、模态结构、存储格式等方面存在明显差异，如表 1-3 的数据所示。这种多源异构性导致了存储格式不统一、数据无法共享、融合分析困难等突出特点和现实问题。针对这些问题，本书将从技术角度出发，重点关注食药质量安全管理中的领域大数据分析技术，其价值在于从海量多源异构数据中发现知识并经过关联与推理，为食药质量安全公共管理提供高效的决策支持服务。

**表 1-3　食药常用检测方法和关键窗口期数据**

<table>
<tr><th>检测方法/数据类型</th><th>检测目标</th><th>数据模态</th><th>常用存储格式</th></tr>
<tr><td>电子眼/机器视觉</td><td>外观性状、色泽</td><td>数字图片，非结构化数据</td><td>jpeg、tiff 等常用图片格式</td></tr>
<tr><td>电子鼻</td><td>气味分子</td><td>雷达图，结构化数据</td><td>厂商私有格式</td></tr>
<tr><td>气相色谱-质谱法</td><td>农药残留、风味物质的定量分析</td><td rowspan="6">二维点表，结构化数据（若厂商不开放数据接口，则只能获得图谱的扫描图片）</td><td rowspan="6">多数采用厂商二进制私有格式，少数支持导出为 mzData、mzXML、mzML 等开放格式</td></tr>
<tr><td>液相色谱-质谱法</td><td>营养成分、农药残留、抗生素</td></tr>
<tr><td>电感耦合等离子体质谱</td><td>有害重金属、微量元素</td></tr>
<tr><td>拉曼光谱</td><td>有机成分检测</td></tr>
<tr><td>基质辅助激光解吸电离飞行时间质谱</td><td>有机成分及生物大分子</td></tr>
<tr><td>显微镜</td><td>微生物种类及数量</td></tr>
</table>

本书将着重关注其中极具领域特点的一类快速图谱检测技术［如离子迁移谱（ion mobility spectrometry，IMS）、拉曼光谱、基质辅助激光解吸电离飞行时间质谱（matrix-assisted laser desorption/ionization time of flight mass spectrometry，MALDI-TOF MS）等］。与传统的气相色谱-质谱法（gas chromatography-mass spectrometry，GC-MS）、LC-MS 等分析方法相比，此类检测技术有以下优点：①避免了传统方法通常所需要的较复杂的预处理步骤，如纯化和分离；②对样品无/低破坏，所以所需要的样品数量更少；③可以生成“整体性”的测量数据，可同时用于检测多种化学成分。另外，近些年兴起的机器学习技术与图谱数据的结合催生出了大数据驱动的食药质量安全管理决策新范式。针对这些数据的领域特点设计相应的数据获取、数据存储和数据分析方法是实现大数据驱动的全景式食药质量安全科学管理决策的关键。

### 1.2.2　食药质量安全图谱检测大数据的领域特点

为更好帮助读者厘清相关概念，此处对本书中出现的“图谱”和“谱图”两个术语表述进行说明。在实际应用中，两者在学术著作中均有使用，通常情况下可等价使用。其细微区别如下：谱图是物质本身的特性，测试前称为谱图，通过各类测试手段度量产生的数据为图谱。通常图谱使用较多，如特征图谱、指纹图谱等。除了“多谱图”等固定搭配（如多谱图融合、多谱图联合检测），本书均统一使用“图谱”的表述。

下面将逐一分析图谱数据的领域特点，并对其带来的独特挑战进行分析。

1. 数据量大

图谱数据首先具有大数据的共同特点，如常见的大数据“3V”（volume、variety、velocity）特点。其第一个特点即数据量大（volume）。随着食药加工工艺的复杂化，以及非法添加物、污染物的痕量化、隐蔽化，需要大规模、精细化的检测。另外，食药质量安全监管是面向对象的全过程监控，涉及原料、加工、运输、消费多个环节，因此，从农场到餐桌的全过程检测监控成为趋势。这些现实需求催生了海量检测数据的积累，也为全景式的数据分析和管理决策带来了数据存储和分析上的更高要求。

2. 多样性

多样性（variety）指大数据包含的种类繁多，既包括结构化数据，又包括非结构化数据（文本、图片、视频等）。图谱数据的多样性主要体现在其多源异构性，不同检测数据表征了不同维度的理化信息，如时间维度（离子迁移谱）、质量维度（飞行时间质谱）、波数维度（拉曼光谱）等（图 1-4）。多元化的检测模态为食药质量安全判别提供了丰富的信息输入，同时也为数据的融合分析带来了挑战。

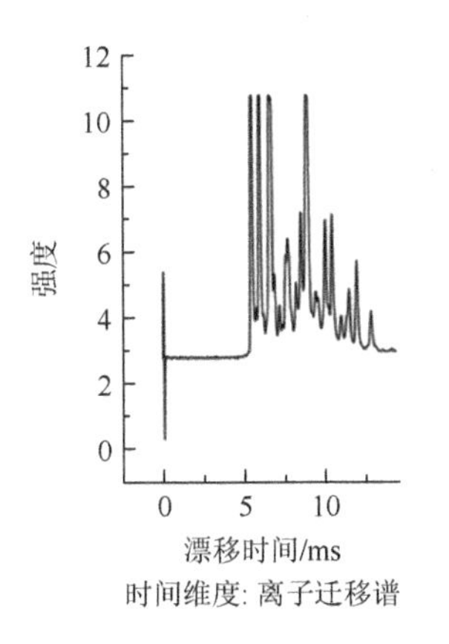

时间维度：离子迁移谱

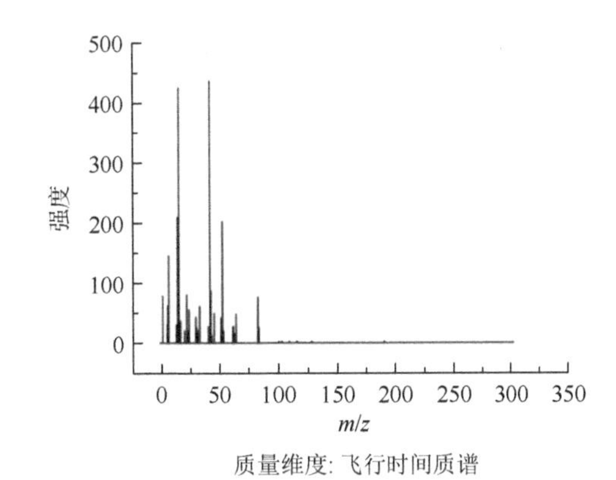

质量维度：飞行时间质谱

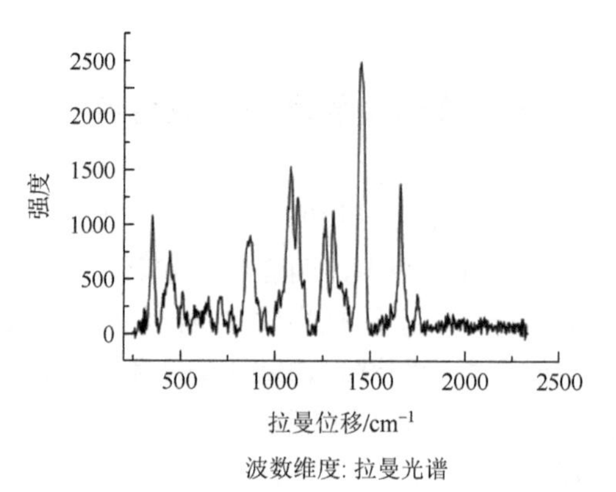


波数维度: 拉曼光谱

图 1-4　不同类型的图谱数据及其理化表征

3. 产生速度快

随着物联网技术的兴起，食药多个环节的持续和实时检测成为必然趋势。各类图谱检测设备将以终端传感器的形式部署到各个生产场景中，并持续产生大量的检测数据，最终通过网络传输的形式上传到远端服务器或云计算平台。这种持续的、快速的数据流将对网络带宽和数据的实时分析带来压力。为此，设计高效的适用于物联网场景的信号采集和传输机制是一大挑战。

4. 数据维度高

图谱数据普遍具有维度高的特性，如拉曼光谱通常拥有几千维的波数特征，飞行时间质谱数据的时间或质量维度更是高达数万维。从模型训练的角度看，如此高维度的数据极易导致“维度灾难”（curse of dimensionality）问题，即在有限样本量的前提下，训练的模型易过拟合，导致泛化能力下降，预测准确率下降。为此，特征选择、特征提取等降维方法成为处理图谱数据的必要步骤。

5. 动态演化和跨时空传递特性

特定对象的图谱数据具有鲜明的时变特性。例如，酸奶发酵过程及食品药品冷藏储存过程都伴随着化学成分的变化，在不同时间点上采集不同类型的图谱数据，能够发现明显的时变特性。由于额外引入了时间维度，图谱数据将呈现为更加复杂的时间序列结构，也为相应的分析方法带来了更多挑战。另外，食品药品的原材料经历一系列复杂的加工工序和储存运输，其内在的理化属性将呈现出跨时空的传导和关联的特点。如何表征及挖掘不同窗口期采集的图谱数据之间的质量和风险传导关系也是食药大数据分析的重点任务之一。

6. 同构数据相似度高

针对相同对象的同构数据，还呈现出相似度高、判别困难的特点。例如，三种不同品牌的婴幼儿配方奶粉的拉曼光谱（图 1-5），实测中表现出高度的相似性，采用传统的特征峰鉴别方法难度较大。因此，需要研究更有针对性的模型和分析方法。

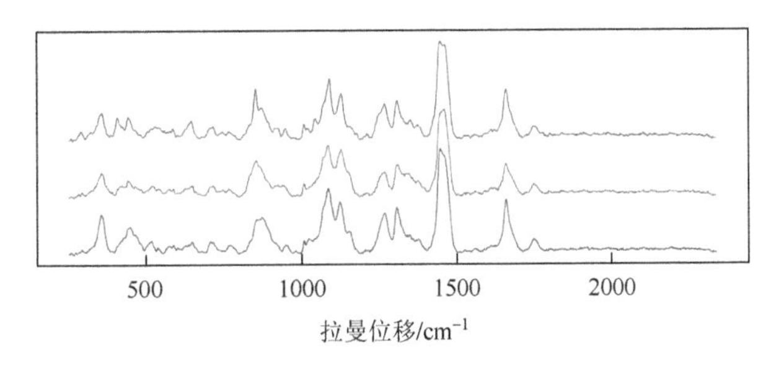


图 1-5　三种不同品牌的婴幼儿配方奶粉的拉曼光谱

## 1.3　面向食药质量安全的图谱检测大数据生命周期

面向食药质量安全的图谱数据的生命周期及分析过程可划分为以下几个部分，本书也遵循此结构组织章节，如图 1-6 所示。①数据源，第 2 章将介绍作为整个生命周期数据源的各类图谱快速检测设备及其优势特点；②数据采集和传输，第 3 章将重点介绍基于压缩感知实现高效的信号采样和数据传输；③数据存储和管理，第 4 章将介绍基于标准化领域本体的数据存储和管理，重点解决异构数据统一表征和私有数据格式的规范化问题；④数据分析和管理决策，第 5 章重点介绍机器学习与图谱检测相结合所形成的管理决策新范式。

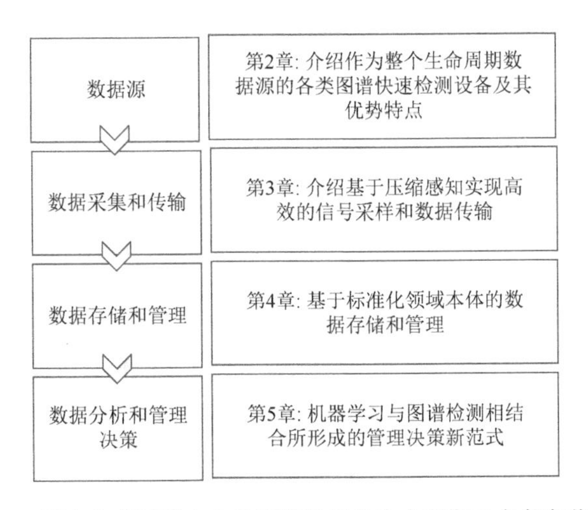


图 1-6　面向食药质量安全的图谱数据的生命周期及本书章节结构

# 第2章　面向食药质量安全的图谱快速检测技术

本章概要：以离子迁移谱、基质辅助激光解吸电离飞行时间质谱和拉曼光谱为代表的图谱检测技术为食药质量安全的管理和分析提供了高效快捷的检测手段。与传统的 GC-MS、LC-MS 相比，此类检测技术具有预处理简单、检测快速等优点，能够有效获取感官、理化、生化等不同层面的样品信息，是食药质量安全领域的重要数据源。本章将通过三个具体的案例佐证图谱检测设备的应用效果。

## 2.1　面向食药质量安全的图谱检测技术介绍

食药质量安全快速检测技术根据原理主要包括外观鉴定法、理化分析、酶法、免疫分析、分子检测、生物发光法、培养法及光谱法等。根据产品形式可以分为试纸法、检测卡法、试剂盒法、快检仪法等。根据检测结果类型可以分为定性检测、限量检测、半定量检测以及定量检测，对于定性检测，其结果只能大概标示出含量；对于定量检测则根据所测物质的具体含量以具体数值表述。

随着仪器技术的发展，为了实现对复杂混合物体系更快更准确的分析，出现了离子迁移谱、飞行时间质谱、拉曼光谱等图谱分析技术。离子迁移谱是基于不同离子迁移率与电场的关系来实现不同化合物的分离与检测。该技术检测速度快（秒级），同时还具有非常高的灵敏度，可以达到皮克（picogram，pg，$10^{-12}$g）量级。此外，它还具有便携、操作简便等优点。它常被用于特征化合物的准确识别，炸药、毒品和化学试剂等的鉴定[65-67]。与其他类型的质谱相比，飞行时间质谱既不需要磁场，又不需要电场的扫描，具有结构简单、分析速度快、分辨率和灵敏度高、质量范围宽的优点，微秒级的快速响应速度和全谱同时测量的能力使得其在实时快速分析、在线监测领域具有与生俱来的优势。MALDI-TOF MS 是用于大分子的高通量和快速分析的行之有效的分析技术。最近对于新型基质辅助激光解吸电离（matrix-assisted laser desorption/ionization，MALDI）基质的勘探已经解决了小分子检测领域面临的低质量区域（$m/z<500$）的基质干扰和信号重现性差的问题。特别是，表面增强激光解吸电离飞行时间质谱（surface enhanced laser desorption/ionization time-of-flight mass spectrometry，SELDI-TOF MS）技术，采用纳米材料作为目标物吸附剂和 MALDI 基质，可以从复杂样本中选择性富集靶标物质并进行原位检测，在实际样本的应用中具有很大的潜力。拉曼光谱是一种

新型光谱表征技术，可以获得测试对象的分子振动信息，具有测试速度快、谱峰信息丰富等特点，与红外光谱相比，拉曼光谱的谱峰可以予以准确归属，分子振动信息的物质基础明确，与红外光谱易受到水的干扰相比，水的拉曼散射界面小，对于拉曼光谱采集没有明显干扰，很多样品可以直接上样采集，避免了制样前处理，操作简便快捷，成为食药质量控制的优越备选技术之一。拉曼光谱是一种振动光谱技术[68]，目前已被广泛应用于各种鉴别任务，如纯橄榄油和掺假油的分类[69]、不同地理区域葡萄酒品种的鉴别[70]、法医鉴定[71]、水牛酥油掺假检测[72]、癌症患者的血浆诊断[73]、不同产地草药的鉴别[74]、乳中不同浓度硫氰酸钠的鉴别[75]、牛初乳产品的品牌识别[76]等。

与主要的传统分析方法相比，以上几类检测技术具有三个优点：①避免了传统方法通常需要的纯化、分离等复杂的前处理步骤；②具有非破坏性，需要的样品少得多；③测量数据范围广，可以同时检测多种化学成分。下面的章节将通过具体的案例依次介绍以上三类图谱检测技术在食药质量安全检测中的应用及各自的特点。

## 2.2　离子迁移谱应用案例

本节将介绍电喷雾电离高效离子迁移谱（electrospray ionization-high performance ion mobility spectrometry，ESI-HPIMS）在食药质量安全检测中的应用。ESI-HPIMS具有样品制备简单、分析快速、灵敏度高、稳定性好、绿色环保、成本低等优点。

### 2.2.1　案例背景介绍

人工高强度甜味剂通常用于食品和饮料，能有效减少蛀牙[77]。然而人工甜味剂是最具争议的食品添加剂之一，存在一些潜在的不利健康影响，包括头痛、呼吸困难、癫痫和癌症[78]。因此，食品中甜味剂的浓度受到法规的限制，如阿斯巴甜（aspartame，ASP）、乙酰舒泛（acesulfame-K，AK）、糖精钠（saccharin sodium dihydrate）、纽甜（neotame，NEO）[79]。甜味剂不仅可以单独使用，也可以与其他甜味剂混合使用[80]。

为了提高消费者安全性，控制食品中甜味剂的浓度是非常有必要的。目前有多种分析方法被用于甜味剂测定。其中大多数方法都是针对单种甜味剂开发的。然而，实际中多种甜味剂组合的情况较常见，因此需要研发快速测定几种甜味剂的方法。目前，该领域最流行的技术是 HPLC，这是因为它具有高灵敏度、多物质分析能力和检测稳定性的优点。然而，HPLC 是耗时耗力的[77, 81-88]。与此同时，离子色谱法（ion chromatography，IC）[89, 90]和毛细管电泳（capillary electrophoresis，CE）[91-94]作为测定甜味剂的 HPLC 的替代方案受到人们的关注。这些技术的分辨率可与 HPLC 相媲美，且检测成本较低。然而，由于 IC 的分离机制选择有限和 CE 的稳健性（robustness）有限，这些技术很少被使用[77]。

为此，我们提出使用 IMS 来实现更加简单、快速、高灵敏度、稳定、绿色和低成本的混合甜味剂的检测。IMS 在标准大气压下分离气相离子，无须构建真空环境，是测定痕量化合物的理想方法。与 HPLC 或气相色谱法（gas chromatography，GC）相比，IMS 仪器的一个优点是没有色谱柱相关问题，如柱头受损或柱头固定相变脏/流失。此外，IMS 仪器易于使用，其在军事和航空安全方面的广泛应用证明了这一点[65-67, 95, 96]。

目前有报道使用 IMS 结合质谱法测定了苏打中的阿斯巴甜，但该研究没有定量分析[65]；还有研究通过 IMS 在正离子模式下分析三氯蔗糖，并建立了校准曲线[66]；另一项研究分别对糖精钠和甜蜜素（环己基氨基磺酸钠）进行检测，发现它们具有很强的电喷雾电离（electrospray ionization，ESI）响应，并提供了两个数量级的线性范围[97]。然而，尚没有研究采用 IMS 同时测定多种甜味剂的混合物。因此，本节将尝试使用 IMS 同时测定乙酰舒泛、环己基氨基磺酸钠、糖精钠、阿斯巴甜和纽甜，进一步佐证 IMS 是一种有效、快速的食药质量安全检测手段。

### 2.2.2 检测过程

1. 材料

检测设备为电喷雾电离高效离子迁移谱仪（Excellims GA2100)。使用气泵提供漂移气体。气体通过干燥剂和一个含有分子筛的柱来去除水蒸气和有机物，然后进入仪器。甲醇和水为高效液相色谱级（购自阿拉丁公司）。乙酸（99.7%）、阿斯巴甜（98%）、乙酰舒泛（98%）、环己基氨基磺酸钠（99%）、纽甜（99%）和糖精钠（99%）均购自阿拉丁公司。纯净水、绿茶饮料和运动饮料均购自超市。

2. 饮料样品的制备

乙酸用水稀释至 0.1%（*V*/*V*，体积分数），用于制备 500.0mg/L 的乙酰舒泛、环己基氨基磺酸钠、糖精钠、阿斯巴甜和纽甜溶液。通过混合相同体积的甜味剂，以 1∶1∶1∶1∶1 的浓度比制备 5 个标准溶液。每种物质均制备了 6 种不同浓度的标准溶液，浓度分别为 1.0mg/L、5.0mg/L、10.0mg/L、15.0mg/L、20.0mg/L、30.0mg/L。

饮料经过离心和过滤去除不溶性物质，然后用超声波去除气体。将 10.0mL 饮料用 0.1%（*V*/*V*）乙酸溶液稀释至 100.0mL，用于测定阿斯巴甜和纽甜。将 1.0mL 饮料用 0.1%（*V*/*V*）乙酸稀释至 100.0mL，用于测定乙酰舒泛、环己基氨基磺酸钠和糖精钠。所有样品在分析前置于暗处。

3. 分析程序

仪器参数见表 2-1。乙酰舒泛、环己基氨基磺酸钠、糖精钠采用负离子模式，阿斯巴甜、纽甜采用正离子模式。分别用 L-色氨酸溶液和柠檬酸在正离子和负离子模式下进行仪器校准。待测样品溶液以 1∶9 的体积比与甲醇混合，在气密注射器中注入 40.0μL 的溶液，并使用内置的泵送机制注入。每种溶液测定三次取平均值。

**表 2-1　电喷雾电离高效离子迁移谱仪测定甜味剂的条件**

| 参数 | 离子模式 | |
|---|---|---|
| | 正离子 | 负离子 |
| 源电压/V | 1 900 | 2 000 |
| 漂移管电压/V | 8 000 | 8 000 |
| 气体入口温度/℃ | 180.0 | 180.0 |
| 漂移管温度/℃ | 180.0 | 180.0 |
| 栅电压/V | 52 | 52 |
| 门脉宽/μs | 80 | 80 |
| 光谱长度/ms | 30 | 30 |
| 数据采集采样率/$s^{-1}$ | 200 000 | 200 000 |
| 每个周期的积分谱数量 | 10 | 10 |
| 漂移气体流速/(L/min) | 1.25 | 1.25 |
| 排气泵速率/(L/min) | 1.20 | 0.60 |
| 直接喷雾流速/(μL/min) | 2.00 | 1.50 |

### 2.2.3　结果与讨论

1. 单种甜味剂分析

稀释原液制备了浓度为 10.0mg/L 的乙酰舒泛、环己基氨基磺酸钠、糖精钠、阿斯巴甜和纽甜。每种溶液在分析前以 1∶9 的体积比与甲醇混合。最佳仪器条件如表 2-1 所示。采用电喷雾电离高效离子迁移谱仪测定的甜味剂的离子迁移谱如图 2-1 所示。乙酰舒泛、糖精钠和环己基氨基磺酸钠在负离子模式下的峰位分别为 8.1ms、8.7ms 和 9.4ms，而阿斯巴甜和纽甜在正离子模式下的峰位分别为 12.2ms 和 14.7ms。结果表明，离子迁移谱适用于短时间内测定甜味剂的含量。

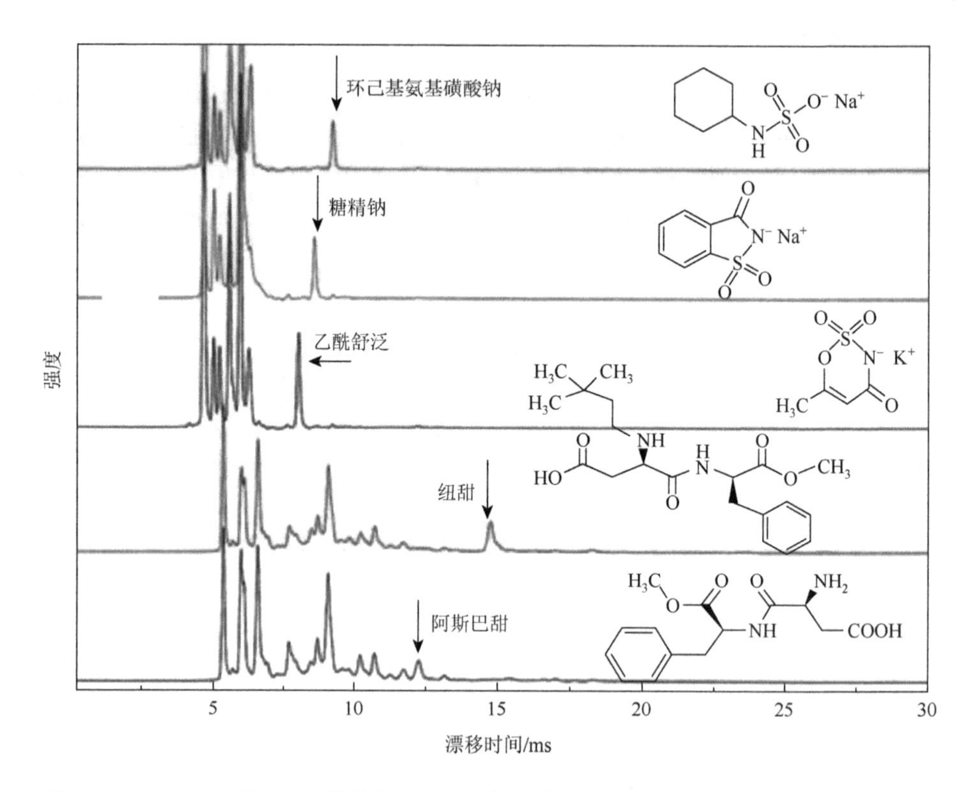


图 2-1　1.0mg/L 乙酰舒泛、糖精钠、环己基氨基磺酸钠、阿斯巴甜、纽甜的离子迁移谱

2. 混合标准品分析

所有溶液均采用先负后正的方式测定，浓度由低到高依次排列。一个溶液的完整分析需要 1～2min，比 HPLC 或 GC 快[81, 82]。此外，电喷雾电离高效离子迁移谱仪在正离子和负离子模式下的分辨率均大于 60。

图 2-2 显示了 0.1mg/L、0.5mg/L、1.0mg/L、1.5mg/L、2.0mg/L 和 3.0mg/L 标准品的离子迁移谱。各物质的峰位和峰面积与单一甜味剂溶液中相同。结果表明，当同时测试时，每种物质对其他物质没有显著影响。在 0.1mg/L 条件下观察到的乙酰舒泛、环己基氨基磺酸钠、糖精钠、阿斯巴甜和纽甜的信噪比分别为 118、42、102、13 和 14。因此，甜味剂的检测限在 0.1mg/L 以下。

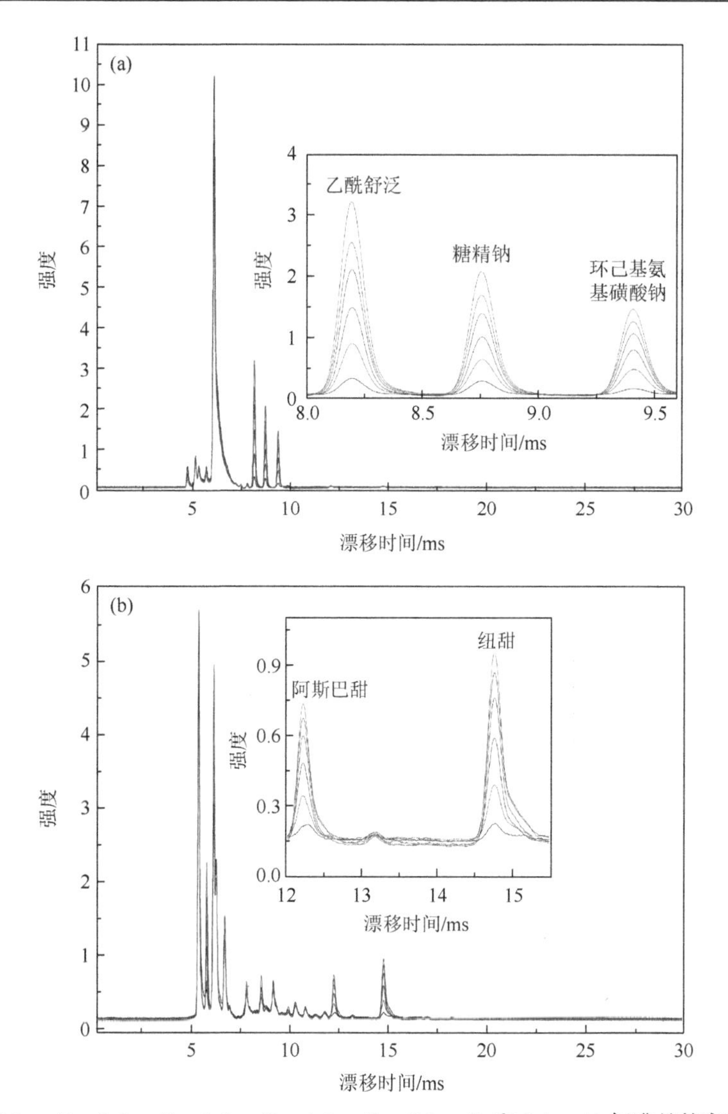


图 2-2 0.1mg/L、0.5mg/L、1.0mg/L、1.5mg/L、2.0mg/L 和 3.0mg/L 标准品的离子迁移谱

（a）乙酰舒泛、糖精钠和环己基氨基磺酸钠在负离子模式下的离子迁移谱；（b）阿斯巴甜和纽甜在正离子模式下的离子迁移谱；（a）、（b）内插图中曲线自下至上依次对应 0.1mg/L、0.5mg/L、1.0mg/L、1.5mg/L、2.0mg/L 和 3.0mg/L 六种浓度

甜味剂的响应曲线如图 2-3 所示，峰面积作为浓度的函数。每个点代表三个光谱在每个浓度的平均值。人工甜味剂具有较强的 ESI 响应，其线性范围见表 2-2。糖精钠的线性范围最宽，为 0.1～2.0mg/L，相关系数为 0.9936。乙酰舒泛、阿斯巴甜和纽甜的线性范围略窄，为 0.1～1.5mg/L，但相关系数均在 0.9940 以上。环己基氨基磺酸钠的相关系数最低，为 0.9879。本研究中环己基氨基磺酸钠的线性范围与文献[91]中报道的不同，在文献[91]中没有对 1.0～3.0mg/L 的浓度进行测

量。在 1.5～3.0mg/L 范围内，环己基氨基磺酸钠的峰面积与浓度呈线性关系，如图 2-3 所示。

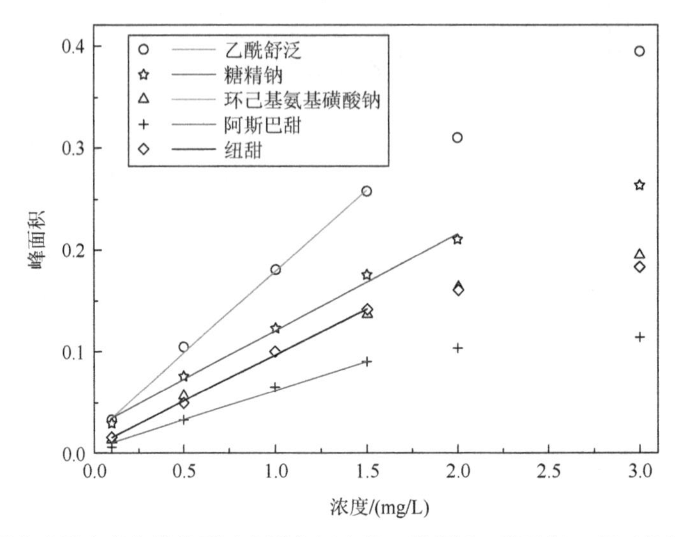


图 2-3　采用电喷雾电离高效离子迁移谱仪标定的乙酰舒泛、糖精钠、环己基氨基磺酸钠、阿斯巴甜和纽甜的峰面积-浓度曲线

**表 2-2　甜味剂分析数据**

| 甜味剂 | 线性范围/（mg/L） | 线性回归方程 | 相关系数 |
| --- | --- | --- | --- |
| 乙酰舒泛 | 0.1～1.5 | $y = 0.1467x + 0.0274$ | 0.9978 |
| 糖精钠 | 0.1～2.0 | $y = 0.0954x + 0.0261$ | 0.9936 |
| 环己基氨基磺酸钠 | 0.1～1.5 | $y = 0.0890x + 0.0085$ | 0.9879 |
| 阿斯巴甜 | 0.1～1.5 | $y = 0.0592x + 0.0032$ | 0.9942 |
| 纽甜 | 0.1～1.5 | $y = 0.0907x + 0.0067$ | 0.9967 |

接下来，用甜味剂的甲醇溶液（按 1∶9 配制）强化稀释饮料并进行分析。根据绿茶饮料在负离子模式下和运动饮料在正离子模式下的离子迁移谱，得到各组分的峰面积，并根据表 2-2 的线性回归方程计算各组分浓度。

表 2-3 和表 2-4 总结了这些结果。由表 2-3 可知，纯净水中没有任何目标检测物，绿茶饮料和运动饮料中甜味剂的浓度均低于国家标准（GB 2760—2014）。表 2-4 中，在对各物质分析之前，将不同浓度的甜味剂添加到饮料中。回收率（recovery）在 82.3%～121.2%之间，相对标准偏差（relative standard deviation，RSD）小于 13.1%。结果表明，本方法适用于饮用水和饮料中甜味剂的测定。虽然回收率各不相同，但结果在可接受范围内。此外，由于纯净水中含有的干扰分析的物质较少，回收率均接近 100%。建议对饮料进行进一步的预处理以获得更高的准确度。

表 2-3　饮料中甜味剂的测定结果

| 样本 | 甜味剂测定浓度/(mg/L) | | | | |
|---|---|---|---|---|---|
| | 乙酰舒泛 | 糖精钠 | 环己基氨基磺酸钠 | 阿斯巴甜 | 纽甜 |
| 纯净水 | 未检测出 | 未检测出 | 未检测出 | 未检测出 | 未检测出 |
| 绿茶饮料 | 未检测出 | 未检测出 | 未检测出 | ＜0.1 | 未检测出 |
| 运动饮料 | 未检测出 | ＜0.1 | 未检测出 | ＜0.1 | 未检测出 |

表 2-4　对饮料中乙酰舒泛、糖精钠、环己基氨基磺酸钠、阿斯巴甜和纽甜的分析（$n = 3$）

| 样本 | 甜味剂 | 添加浓度/(mg/L) | 测定浓度/(mg/L) | 回收率/% | 相对标准偏差/% |
|---|---|---|---|---|---|
| 纯净水 | 乙酰舒泛 | 0.75 | 0.802 | 106.9 | 2.2 |
| | 糖精钠 | 0.75 | 0.782 | 104.2 | 2.0 |
| | 环己基氨基磺酸钠 | 0.75 | 0.807 | 107.6 | 2.9 |
| | 阿斯巴甜 | 0.75 | 0.762 | 101.7 | 7.8 |
| | 纽甜 | 0.75 | 0.771 | 102.9 | 7.2 |
| 绿茶饮料 | 乙酰舒泛 | 1.00 | 1.027 | 102.7 | 3.0 |
| | 糖精钠 | 1.00 | 1.212 | 121.2 | 13.1 |
| | 环己基氨基磺酸钠 | 1.00 | 1.188 | 118.8 | 6.9 |
| | 阿斯巴甜 | 1.00 | 0.864 | 86.4 | 4.5 |
| | 纽甜 | 1.00 | 0.823 | 82.3 | 7.9 |
| 运动饮料 | 乙酰舒泛 | 1.25 | 1.176 | 94.1 | 8.0 |
| | 糖精钠 | 1.25 | 1.487 | 119.0 | 8.6 |
| | 环己基氨基磺酸钠 | 1.25 | 1.461 | 116.9 | 11.6 |
| | 阿斯巴甜 | 1.25 | 1.168 | 93.4 | 2.2 |
| | 纽甜 | 1.25 | 1.121 | 89.6 | 1.5 |

### 2.2.4　小结

采用 ESI-HPIMS 检测乙酰舒泛、环己基氨基磺酸钠、糖精钠、阿斯巴甜、纽甜具有较高的灵敏度和分辨率。大多数分析在 2min 内完成，与 HPLC 相比，节省了大量的时间。在 0.1～1.5mg/L 和 0.1～2.0mg/L 范围内进行标定，相关系数约为 0.99。此外，ESI-HPIMS 具有样品制备简单、分析快速、灵敏度高、稳健性好、绿色环保、成本低等优点，因此离子迁移谱为食药质量安全提供了一种有效的快速检测手段。

## 2.3　MALDI-TOF MS 应用案例

本节将介绍使用 MALDI-TOF MS 检测食品中抗生素（磺胺类药物）残留的案例。实验结果表明 MALDI-TOF MS 能够成功识别真实食品中的磺胺类

（sulfonamides，SAs），可用于食品中抗生素残留的快速分析。

## 2.3.1 案例背景介绍

目前，由于残留的兽药可能会对人类健康造成不良影响，抗生素在食品中的残留引起了监管机构和消费者的高度关注[98]。为确保食品质量安全，找到一种可以对这些残留进行常规和大规模检测的方法很有必要。MALDI-TOF MS 检测可以识别出主流的生物受体难以识别的分析物，大大提高了检测精度。Wang 等[99]报道了一种抗体-氧化石墨烯纳米带结合物，可在河水和人血清样品中分离和富集氯霉素，然后使用 MALDI-TOF MS 来识别目标分析物。Gan 等[100]将核酸适配体功能化（aptamer-functionalized）的 $SiO_2$@Au 纳米壳与 MALDI-TOF MS 结合，从牛奶样品中富集卡那霉素并进行分析。基于 MALDI-TOF MS 的检测方法相对于传统的色谱-质谱联用方法进行抗生素检测更加简单，完成时间更短，本节将介绍一种一次性的 $MoS_2$ 阵列 MALDI-TOF MS 芯片与免疫亲和富集的方法相结合的方案（图 2-4），用于对多个复杂样品中的磺胺类进行高通量、快速的定量分析。$MoS_2$ 作为 MALDI 基质在小分子表征方面表现出良好的性能[101]。

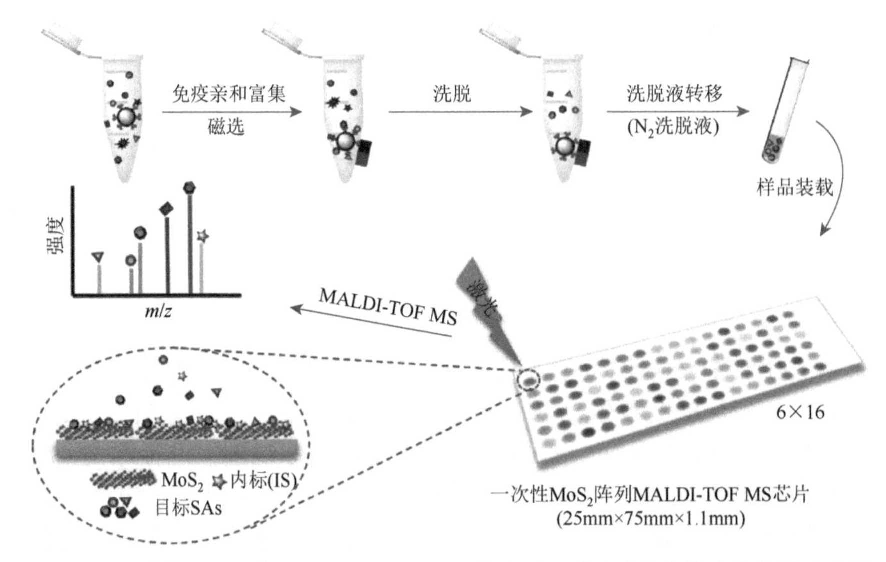


图 2-4 一次性 $MoS_2$ 阵列 MALDI-TOF MS 芯片用于磺胺类药物的富集检测示意图

## 2.3.2 检测过程

1. $MoS_2$ 阵列芯片的制备

根据先前报道的程序，采用化学剥离法制备了 $MoS_2$ 纳米薄片[101]。在水中制备浓度为0.5mg/mL的$MoS_2$溶液。为了在芯片上形成矩阵阵列，我们设计了一种96孔不干胶模板。模板的尺寸与铟锡氧化物（indium tin oxide，ITO）玻片相同。黏纸对齐附着在ITO玻片表面。随后，将1μL的$MoS_2$溶液滴到每个孔中，并在周围干燥条件件下形成薄的基体层。为了获得校准曲线，在上样前，将1μL的磺胺二甲氧嘧啶-$d_6$（sulfadimethoxine-$d_6$，SDM-$d_6$）（5ng/mL）沉积在$MoS_2$阵列上，然后从ITO玻片上剥离模板层，形成$MoS_2$阵列芯片。

2. LDI-MS分析

1μL的分析液中包含磺胺醋酰（sulfacetamide，SA）、磺胺吡啶（sulfapyridine，SPY）、磺胺嘧啶（sulfadiazine，SDZ）、磺胺甲噁唑（sulfamethoxazole，SMZ）、磺胺噻唑（sulfathiazole，STZ）、磺胺异噁唑（sulfisoxazole，SIX）、磺胺二甲基嘧啶（sulfamethazine，SM2）、磺胺间甲氧嘧啶（sulfamonomethoxine，SMM）、磺胺氯哒嗪（sulfachloropyridazine，SCP）、磺胺喹噁啉（sulfaquinoxaline，SQX）、磺胺二甲氧嘧啶（sulfadimethoxine，SDM）。将磺胺二甲氧嘧啶-$d_6$移液到$MoS_2$阵列芯片的基质上，风干。然后用双面胶带将芯片固定在靶板上，进行激光解吸/电离质谱（laser desorption/ionization-mass spectrometry，LDI-MS）分析。

3. 免疫亲和提取与目标富集

取500μL磺胺单抗偶联的磁性微球（表示为SA-mAb/MB），用1×磷酸盐缓冲溶液（phosphate buffered solution，PBS）洗涤，用1mL样品液在室温下轻轻摇匀孵育20min，然后用水洗涤2次。在SA-mAb/MB中加入甲醇（100μL），旋转10s洗脱。洗脱步骤重复一次。采集的样品洗脱液（共200μL）在50℃的$N_2$缓流下蒸发至接近干燥。用5μL去离子水将残渣还原，用于MALDI-TOF MS分析。

4. 建立用于定量目标的标准校准曲线

对于多重磺胺类定量，使用由不同量的SMZ、SM2、SMM、SQX和SDM（范围为0.5～10ng/mL）组成的一系列标准溶液建立标准校准曲线。混合磺胺类溶液与SA-mAb/MB，然后进行免疫亲和富集过程。为得到定量结果，将5μL的残留物分步移液到含有内标（internal standard，IS）的MALDI芯片上，用TOF MS进行分析。

5. MALDI-TOF MS分析

测试仪器为4800 Plus MALDI-TOF/TOF质谱仪（美国AB Sciex）。该质谱仪配有负反射模式下的脉冲Nd：YAG激光器（355nm波长）。对于每个光谱，采集并分析来自目标光斑不同位置（自动模式）的50次扫描结果。使用美国AB Sciex的Data Explorer软件进行数据处理。

### 2.3.3 结果与讨论

图 2-5（a）显示了磺胺类的特征峰。图 2-5（b）表明了 12 种磺胺类分子可以同时检测到，无信号重叠。实验结果表明，该芯片能够同时有效地检测各种小分子量的磺胺类。为进一步研究，将 $MoS_2$ 基体加载到不同的基体上制备了三种不同的样品板：不锈钢板、ITO 玻璃片和普通玻璃片。然后在三个板上在相同的仪器条件下进行磺胺类的质谱检测［图 2-5（c）］。结果表明，从 ITO 玻璃片上获得的五种磺胺类的质量峰强度与商业不锈钢板的结果相当，表明 $MoS_2$ 修饰的 ITO 玻璃芯片适合用于 MALDI-TOF MS 分析。

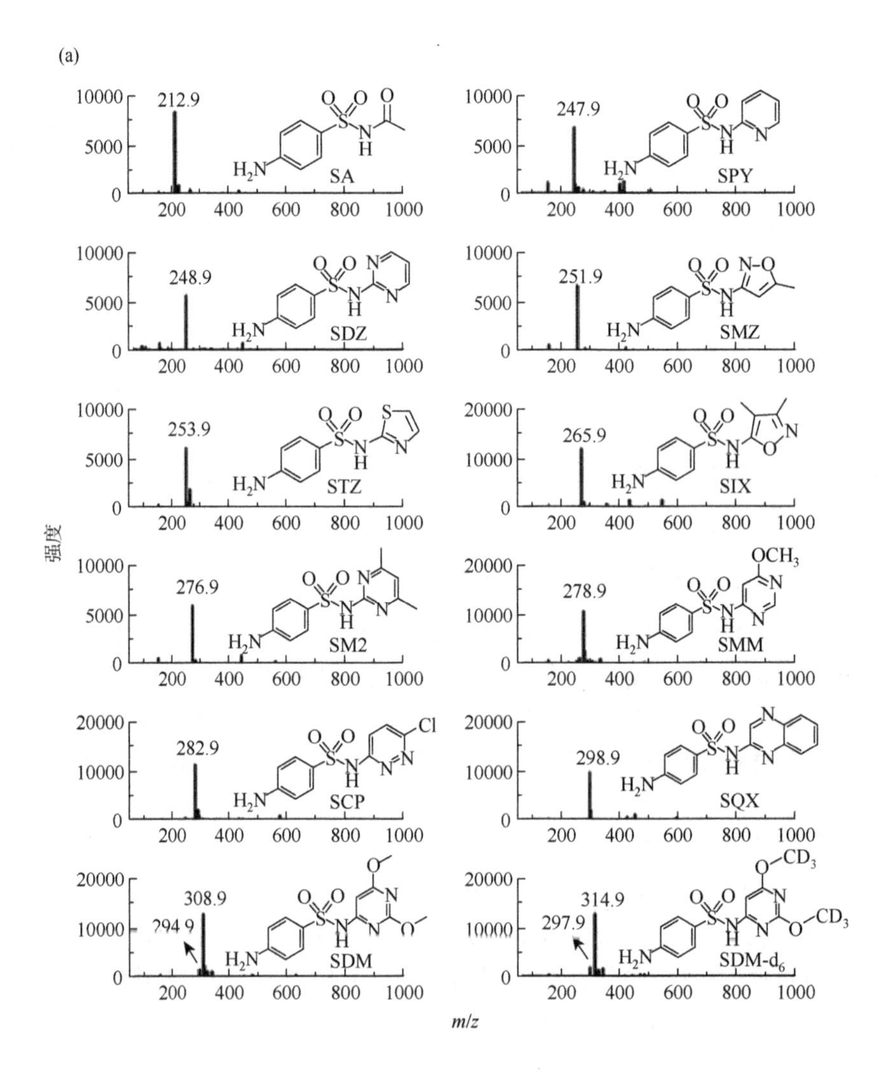

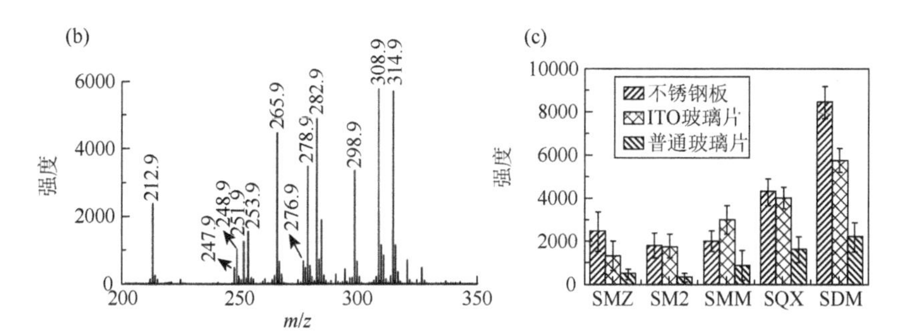


图 2-5 （a）在 $MoS_2$ 阵列 MALDI MS 芯片上获得的各种磺胺类的 MALDI-MS 图谱，各分析物的浓度为 500μg/mL；（b）在 $MoS_2$ 阵列芯片上得到的 12 个磺胺类混合物的 TOF MS；（c）$MoS_2$ 修饰的不锈钢板、ITO 玻璃片和普通玻璃片测出的五种磺胺类的质量峰强度比较，每种分析物的浓度为 50μg/mL

我们将该方法应用于从当地市场收集的真实食品样品。图 2-6（a）、（b）分别为 941 号猪肉样品和 833 号鸡蛋样品的质谱图。在这两种样品中，除了 IS 的特征峰 297.9 和 314.9 外，还出现了一个负离子模式的强峰 276.9。特别是 276.9 提供了额外的结构信息［图 2-6（c）、（d）］。特征峰 106.2、121.2 和 185.2 均证实了样品中 SM2 的存在[102]。根据得到的纯溶剂标准校准曲线对目标分析物进行定量。如表 2-5 所示，

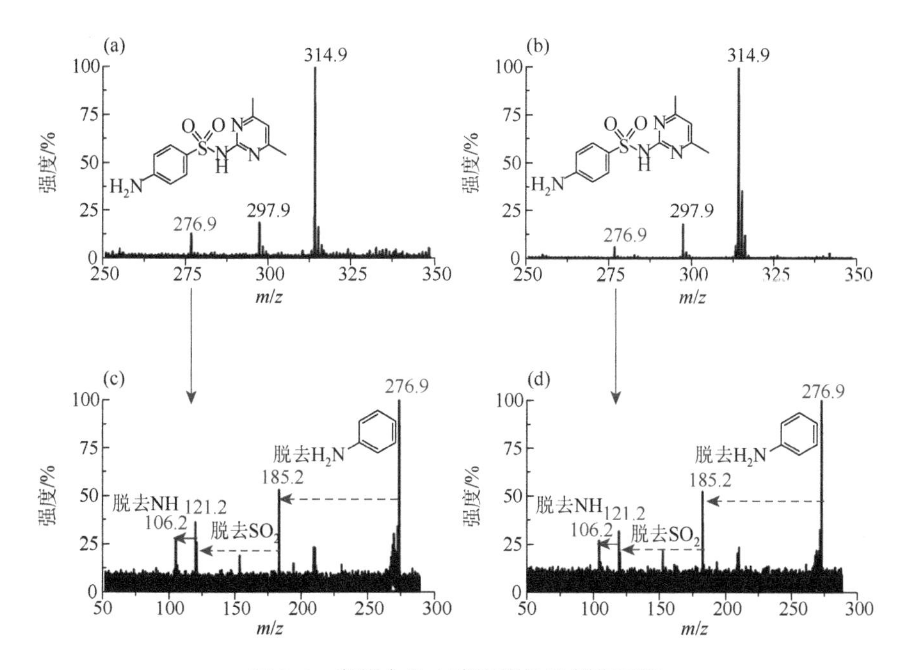


图 2-6　实际食品中磺胺类的检测和识别

（a）猪肉样品；（b）鸡蛋样品；（c）猪肉中磺胺类测定结果；（d）鸡蛋中磺胺类测定结果。在实验过程中，$MoS_2$ 阵列 MALDI 芯片事先添加了 5ng SDM-$d_6$ 作为内标物

941 号和 833 号样品中 SM2 的浓度分别为 58.0μg/kg 和 9.71μg/kg。该方法的测量值与高效液相色谱电喷雾电离串联质谱（high performance liquid chromatography-electrospray ionization-tandem mass spectrometry，HPLC-ESI-MS/MS）测量值基本一致。

**表 2-5　本方法对 SM2 浓度的检测结果与 HPLC-ESI-MS/MS 测定浓度的比较**

| 样品 | HPLC-ESI-MS/MS 检测的 SM2 浓度/(μg/kg) | 本方法检测的 SM2 浓度/(μg/kg) |
| --- | --- | --- |
| 猪肉（941 号） | 57.3±0.6 | 58.0±2.3 |
| 鸡蛋（833 号） | 10.6±0.3 | 9.71±3.3 |

### 2.3.4　小结

结果表明，该方法可用于复杂样品中磺胺类的快速鉴定和定量分析。此外，由于该方法的高通量和简单性，我们可以在一个 $MoS_2$ 阵列芯片上 10min 内完成 96 个样品点的分析，为食品样品中小分子兽药残留的检测提供了一种更加简便、高选择性、高通量和高灵敏度的工具。

## 2.4　拉曼光谱应用案例

### 2.4.1　案例背景介绍

拉曼光谱提供了有关分子的特定信息，但其低强度和荧光干扰限制了其实际应用[103]。表面增强拉曼光谱法（surface enhanced Raman spectrometry，SERS）是一种相对较新的方法，它通过贵金属纳米材料（通常为银和金）的电磁和化学增强机制，使得拉曼散射信号加强，目前已广泛用于环境监测和食品质量安全中的痕量分析。然而，由于缺乏可靠的 SERS 活性基底，其进一步发展受到限制[104]。同时，SERS 与微芯片的集成成为一个热点领域[105]。

基于微芯片的分析，也称为芯片上实验室（lab on a chip），已广泛应用于疾病诊断和生化分析，并具有小体积、高通量的特征[106]。然而，其实际应用受到复杂制备方法的限制[107]，如光刻、蚀刻和激光烧蚀。这些方法非常耗时，而且需要特殊的仪器。另一个限制是集成探测器的相对稀缺。

研究表明，琼脂糖凝胶适合构建 SERS 基底[108, 109]，有望提供一种简单、快速的微芯片设计、制造和检测技术。作为弱拉曼散射体，基于琼脂糖凝胶的基质可最小化杂散光和荧光。此外，贵金属纳米颗粒可以稳定存在于凝胶基质中。凝胶的制备涉及琼脂糖分子在沸水中溶解，然后冷却至室温。

硫氰酸钠是牛奶中一种常用的防腐剂。血浆中的高浓度硫氰酸钠可抑制碘和酪氨酸氧化，其对碘代谢的影响是可能导致甲状腺肿，对孕妇、儿童或碘缺乏症患者最为显著[110]。作为牛奶防腐剂，一般来说，每毫升牛奶含有硫氰酸钠 $1.5\times10^{-5}$g 才能产生抑菌效果[111]。现已开发出多种测定硫氰酸钠的方法，包括分光光度法、气相色谱-质谱法、离子色谱法和毛细管电泳法。然而，这些方法大多耗时且涉及复杂的样品制备，有些则需要复杂且昂贵的仪器[112]。

目前，牛奶中硫氰酸钠的现场（on-site）检测方法相对较少。Lin 等[111]研究了一种基于银聚集体的 SERS 检测硫氰酸钠的快速简便方法，但因为颗粒聚集不可控，影响了纳米颗粒的稳定性，因此该策略的实际应用受到限制[113, 114]。

本节介绍了一种简便且廉价的琼脂糖微芯片支持的 SERS 基底。琼脂糖微芯片通过模塑法生产，采用银镜反应在基底上制备银膜，这个过程需要不到 1.5h。该芯片具有灵敏度高、重现性好、分析速度快、样品用量低等优点，可用于水和牛奶中硫氰酸钠的测定。基于阵列的设计还提供了高通量，这种新型 SERS 基底适用于牛奶中硫氰酸钠的现场测定。

### 2.4.2　检测过程

1. 材料

硝酸银购自南京化学试剂股份有限公司；琼脂糖和葡萄糖购自国药集团化学试剂有限公司；氢氧化铵（25%～28%）、三氯乙酸和硫氰酸钠购自上海凌峰化学试剂有限公司；氢氧化钾购自西陇化工股份有限公司；牛奶采购自国有品牌。

2. 样品制备

通过用去离子水稀释储备溶液（$10^{-3}$g/mL），制备了一系列浓度的硫氰酸钠溶液。通过向 4.5mL 牛奶中添加 0.5mL 不同浓度的硫氰酸钠溶液来制备强化（fortified）样品。通过向 4.5mL 牛奶中加入 0.5mL 去离子水制备空白样品。

在 SERS 测量之前，向 0.4mL 牛奶中添加 1.2mL 15%三氯乙酸溶液，然后在 35℃下稀释 10min，并以 14000r/min 的速度离心 10min。收集上清液进行分析。

3. 微芯片制造

微芯片是通过制备的聚二甲基硅氧烷（polydimethylsiloxane，PDMS）模具获得[115, 116]。简言之，将琼脂糖粉末（0.6g）与水（30mL）混合，加热至沸腾，并将热溶液浇铸在 PDMS 模具上。琼脂糖溶液冷却至室温后形成凝胶，用去离子水冲洗几次后，芯片在 4℃的去离子水中储存。该芯片有 16 个均匀的宽度为 4mm、深度为 4mm 的孔。

4. 基于微芯片的 SERS 基底的制备

琼脂糖微芯片银表面的形成基于之前报道的程序制备，并进行了一些修改[117]。所有玻璃器皿在王水（aqua regia）中清洗一夜，并用去离子水清洗。

将 1mL 6%硝酸银溶液与 2mL 去离子水混合，并添加 3.2%氢氧化钾溶液，直到形成细小的棕色沉淀。然后逐滴添加氢氧化铵，直到沉淀物完全溶解，再添加 6%的硝酸银溶液，直到溶液变成浅棕色或黄色。加入一滴氢氧化铵溶液，溶液再次变得透明。将该溶液与 1mL 35%葡萄糖和 0.5mL 甲醇混合。

将 30μL 上述溶液添加到琼脂糖微芯片的孔中，并在 35℃的温度下反应 1h。改性后的微芯片用去离子水冲洗数次，并在 4℃的去离子水中储存，直至使用。

5. SERS 测量

对于 SERS 测量，将 10μL 硫氰酸钠标准品或处理过的牛奶添加到基于琼脂糖微芯片的 SERS 基底的孔中。液体蒸发后，用 Prott-ezRaman-D3 便携式激光拉曼光谱仪（Enwave 光电公司，美国）检测。激光的激发波长为 785nm，光谱测量是在 10s 的曝光时间和 450mW 的激光功率下进行的。光谱仪的检测范围为 400～2800cm$^{-1}$，分辨率高于 2cm$^{-1}$。

### 2.4.3 结果与讨论

在这项工作中制备的芯片在 3cm×3cm（长度×宽度）区域上包含 16 个孔（宽度×深度 = 4mm×4mm）。每个孔可作为一个独立的测量点，以便进行高通量分析。与传统的 SERS 基底相比，这种孔型增加了基底的负载能力，降低了污染风险。此外，通过改变模具的形状，可以容易地改变微芯片基板的图案。将样品装入所制备的微芯片基板的测试孔后，用便携式激光拉曼光谱仪对样品进行表征，并快速获得结果。基于微芯片的 SERS 具有便携式测量的潜在应用场景[118]。

目前已经进行了大量的工作。例如，Rycenga 等[119]通过添加银纳米颗粒来增强 SERS 信号。银镜反应被用于制备 SERS 基底[120]和微芯片。图 2-7 显示了银纳米颗粒的扫描电子显微镜照片，表明它们是球形的，平均直径为 500nm。根据文献记载，这些银纳米颗粒适用于 SERS 分析[121-123]。

图 2-7　通过镜像反应制备的银膜的扫描电子显微镜照片

如图 2-8（a）所示，使用便携式激光拉曼光谱仪收集固体硫氰酸钠的常规拉曼光谱，由于 C—S 对称伸缩振动，硫氰酸钠的两个特征峰出现在 $754cm^{-1}$ 处，由于 S—C≡N 的非对称伸缩振动，硫氰酸钠的两个特征峰出现在 $2069cm^{-1}$ 处[124]。图 2-8（b）和图 2-8（c）显示了在不存在硫氰酸钠的情况下琼脂糖微芯片背景和基于琼脂糖微芯片的 SERS 基底的常规拉曼光谱。图 2-8（d）和图 2-8（e）显示了含有 $5\times10^{-6}$g/mL 硫氰酸钠情况下，琼脂糖微芯片背景和基于琼脂糖微芯片的 SERS 基底的拉曼光谱。硫氰酸钠吸附到银纳米颗粒表面后，$754cm^{-1}$ 处的特征峰消失。此外，由于硫氰酸钠吸附几何结构的变化，$2069cm^{-1}$ 处的特征峰移到 $2100cm^{-1}$ 处。

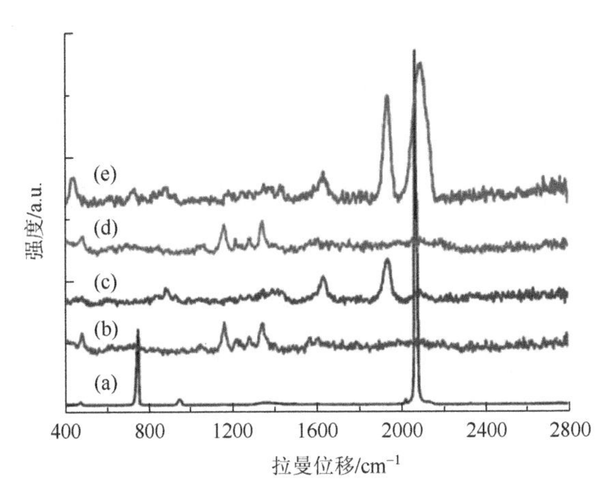


图 2-8　（a）硫氰酸钠粉末的常规拉曼光谱；（b）琼脂糖微芯片背景的常规拉曼光谱；（c）基于琼脂糖微芯片的 SERS 基底的常规拉曼光谱；（d）$5\times10^{-6}$g/mL 硫氰酸钠存在下琼脂糖微芯片背景的拉曼光谱；（e）$5\times10^{-6}$g/mL 硫氰酸钠存在下基于琼脂糖微芯片的 SERS 基底的拉曼光谱

光谱的再现性是 SERS 基底的一个重要参数。图 2-9 显示了收集的 16 个基底孔中 $2.5\times10^{-6}$g/mL 硫氰酸钠的表面增强拉曼光谱。2100cm$^{-1}$ 处的峰值相对较大且大小相似。这些峰值的统计评估如图 2-10 所示，其相对标准偏差为 11%。

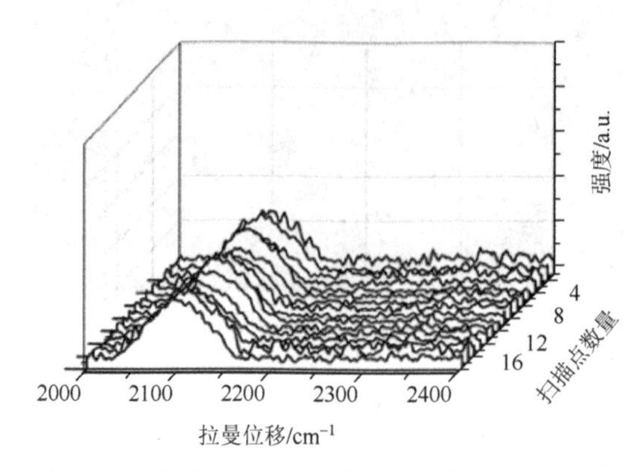


图 2-9 在 16 孔 SERS 基底上，$2.5\times10^{-6}$g/mL 硫氰酸钠的表面增强拉曼光谱

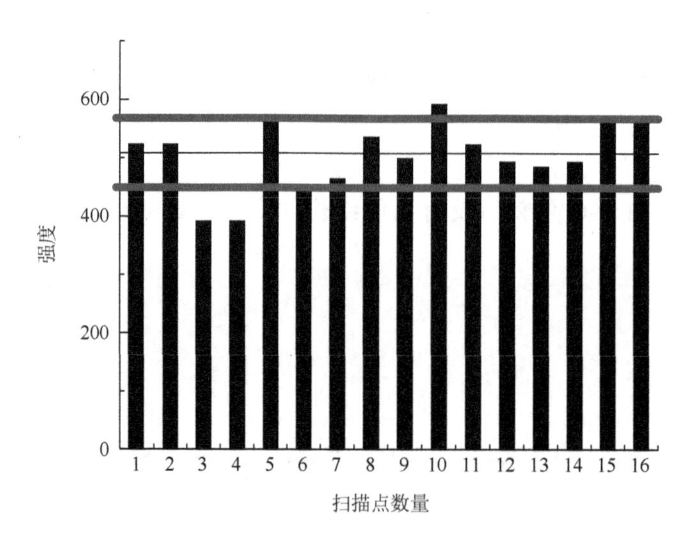


图 2-10 2100cm$^{-1}$ 处的表面增强拉曼光谱强度分布

图 2-11 显示了通过拉曼光谱测定的水中硫氰酸钠的一系列浓度。2100cm$^{-1}$ 处的特征峰不存在。1350cm$^{-1}$ 和 1640cm$^{-1}$ 处的峰归因于水和玻璃的背景。图 2-12 显示了通过基于微芯片的 SERS 基底测定水中的一系列浓度。硫氰酸钠在 2100cm$^{-1}$ 处的拉曼信号显著增强，并且与 $5\times10^{-7}\sim1\times10^{-5}$g/mL 的硫氰酸钠浓度呈线性关系。随着硫氰酸钠浓度的增加，银纳米颗粒的表面积有限，导致信号饱和等问题[125]。

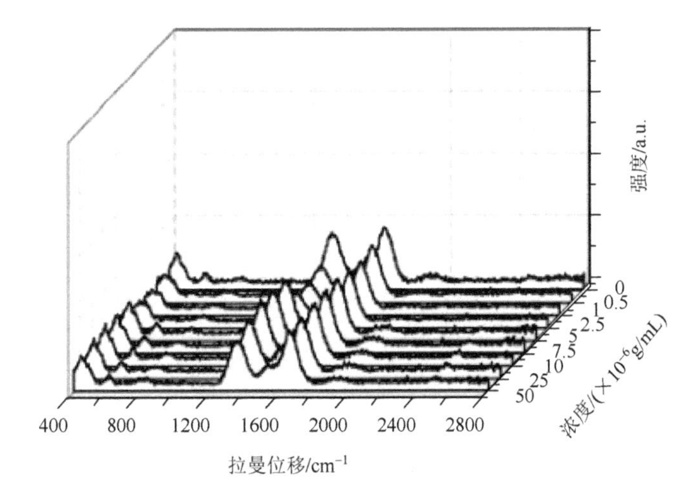


图 2-11　不同浓度硫氰酸钠在水中的常规拉曼光谱

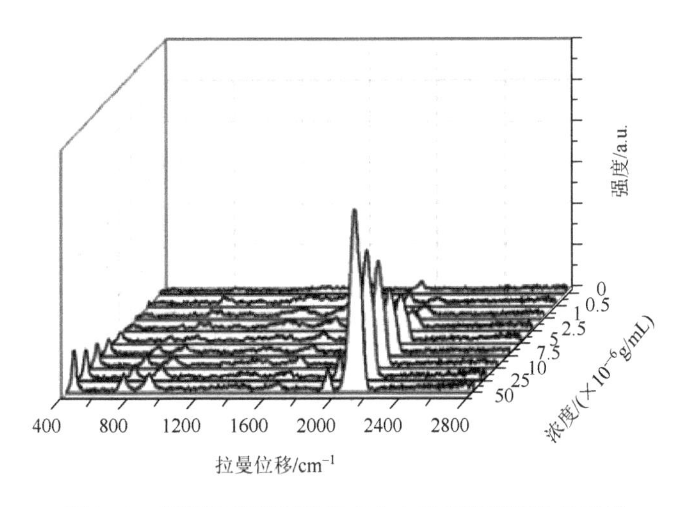


图 2-12　不同浓度硫氰酸钠在水中的表面增强拉曼光谱

有学者也对牛奶中的硫氰酸钠进行了测定。三氯乙酸用于沉淀蛋白质，以尽量减少干扰。图 2-13 展示的是用拉曼光谱直接测量牛奶中的硫氰酸钠。$2100cm^{-1}$ 处的特征峰不存在，因此无法进行定量测量。$682cm^{-1}$、$743cm^{-1}$、$844cm^{-1}$、$939cm^{-1}$、$1337cm^{-1}$ 和 $1675cm^{-1}$ 处是三氯乙酸的特征峰[126]。图 2-14 显示了不同浓度硫氰酸钠在牛奶中的表面增强拉曼光谱。$2100cm^{-1}$ 处的峰强度随硫氰酸钠浓度从 $5\times10^{-7}g/mL$ 增加到 $2.5\times10^{-6}g/mL$ 呈线性增加。牛奶中硫氰酸钠的检测限为 $5\times10^{-7}g/mL$。这些结果表明，基于微芯片的 SERS 基底可用于牛奶中硫氰酸钠的测定。

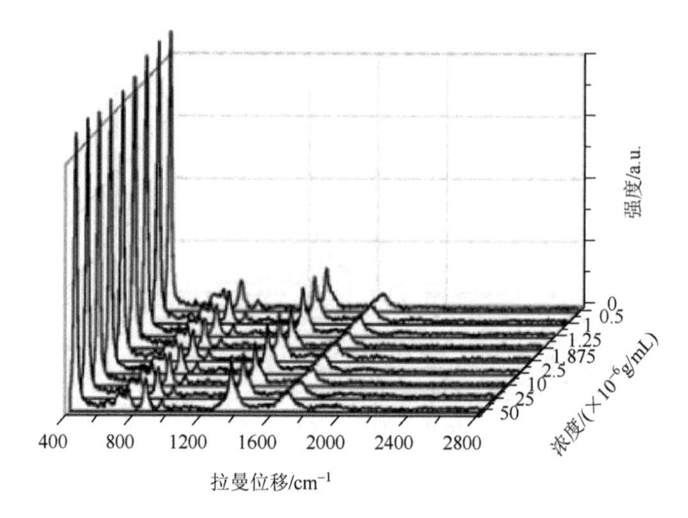


图 2-13　不同浓度硫氰酸钠在牛奶中的常规拉曼光谱

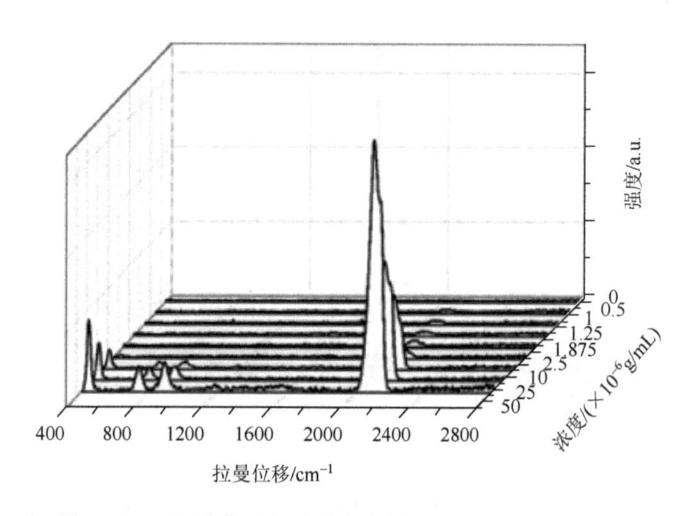


图 2-14　不同浓度硫氰酸钠在牛奶中的表面增强拉曼光谱

### 2.4.4　小结

本节介绍了一种基于 SERS 活性基底的银纳米颗粒集成多孔琼脂糖微芯片，用于测定水和牛奶中的硫氰酸钠。这种方法的优点包括灵敏度高、精密度高、能够同时测定 16 个样品。因此，该方法允许现场测定牛奶中的硫氰酸钠，具有潜在的应用价值。

# 第 3 章　基于压缩感知的图谱数据采集和传输

本章概要：图谱数据的数据量大、产生速度快等特点为物联网及实时远程监测等应用场景带来了巨大挑战。本章重点介绍使用压缩感知技术实现高效、快速、低成本的图谱检测数据的采集和传输机制，然后介绍如何在压缩感知框架中集成领域任务（如分类判别）目标，最后介绍一种自适应的压缩感知变换基。

## 3.1　采样定理及压缩感知

食药质量安全涉及的图谱检测设备大多存在一个将物理量转化为电信号/数字信号的过程，即模数转换（analog-digital conversion，ADC）。以拉曼光谱仪为例（图 3-1），电荷耦合器件（charge coupled device，CCD）传感器阵列通常用于

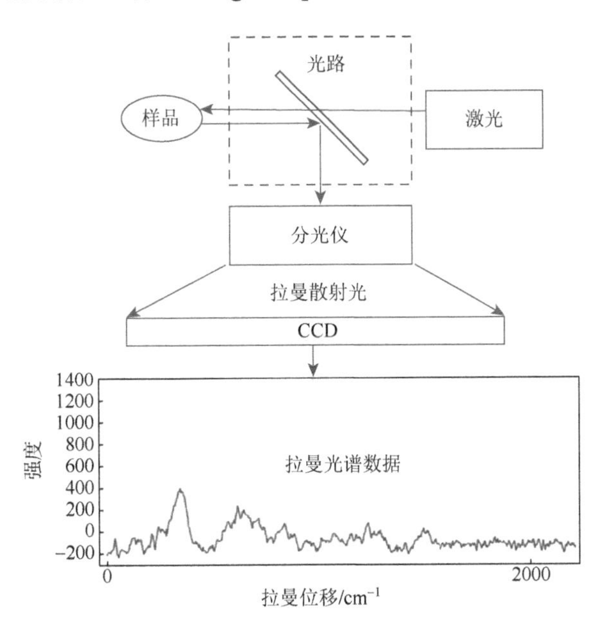


图 3-1　拉曼光谱仪硬件结构概要图

它包含一个激光器、一个光路（由几个带通滤波器和二向色滤波器组成）、一个分光仪和一个 CCD。数据采集过程如下：①用高能激光束照射样品；②光子与样品分子发生非弹性碰撞；③由于拉曼效应（分子转动能变化的结果），散射光的波长发生偏移；④该光路引导拉曼频移光从样品到分光仪；⑤分光仪通过衍射光栅分解得到各种频率成分；⑥将分光仪的输出投射到 CCD 阵列（通常是基于多通道阵列探测器的硅材料）的长轴上；⑦CCD 将拉曼光谱的光子信号转化为电信号并存储在计算机上；⑧分析光谱数据中的拉曼位移，揭示分子结构

ADC。该传感器阵列负责将拉曼光子信号转换为数字光谱数据。MALDI-TOF MS等其他设备也存在核心传感器部件用以实现 ADC。

目前，主流的分析仪器仍然受到奈奎斯特采样定理的限制[127]。奈奎斯特采样定理在信号处理实践中占据主导地位已有半个多世纪。该定理的核心概念是"为了将模拟信号转换成数字形式而不产生任何混叠（aliasing），采样频率必须大于感兴趣信号分量频率的两倍"。该定理建立了连续时间信号和离散时间信号（这是计算机信号处理通常需要的）之间的基本联系。

除了奈奎斯特采样定理外，信号处理领域最近兴起的另一个重要理论是压缩感知（compressed sensing，CS）[128]。CS 理论可以在一定的稀疏性条件下进一步降低采样频率要求。使用 CS 过程中，在数据采集步骤中通过亚奈奎斯特（sub-Nyquist）采样实现数据压缩。使用 CS 后，数据接收器需要从采样的数据 $x_s$ 重建原始的 $x$。重构基于稀疏性假设，可以通过 $L_1$ 范数最小化来求解，如最小绝对收缩和选择算子（least absolute shrinkage and selection operator，LASSO）。最近，研究人员开始使用深度生成模型[129]，如变分自编码器（variational auto-encoder，VAE）或对抗生成网络（generative adversarial network，GAN），从隐空间的低维表示中重建数据。CS 在磁共振成像（magnetic resonance imaging，MRI）[130]和单像素相机[131]等多个领域得到了证实和应用。

对于图谱检测仪器，CS 可以带来至少三个好处[132]。①存储空间的好处，需要采样和存储的数据更少；②时间效益，由于减少了数据量，ADC 的速度更快；③硬件成本优势，可以使用成本低和分辨率低的传感器。

CS 包含以下步骤（图 3-2）：①找到一个变换基矩阵 $\Psi$，在这个变换下，$x$ 可以表示为隐空间中的一个稀疏向量 $z$，即 $x = \Psi z$，$\Psi$ 是一个酉矩阵，即其共轭转置等于其逆（$\Psi^H = \Psi^{-1}$）。②基于感知矩阵（sensing matrix）的亚奈奎斯特采样。感知矩阵 $\boldsymbol{\Phi}$ 的维度为 $kn \times n$，需满足 $k \ll 1$，$k$ 为采样比。③采样信号 $x_s = \boldsymbol{\Phi} x$ 发送给接收端。对于长途和窄带传输，CS 可以大大减少数据量。④基于 $L_1$ 范数最小化的信号重构。设 $A = \boldsymbol{\Phi}\Psi$ 为测量矩阵（measurement matrix）。由于 $A$ 的维数为 $kn \times n$（其中 $kn \ll n$），$A$ 为行满秩（full row rank）矩阵，即 $\mathrm{rank}(A) = k$。因此，$Az = x_s$ 对应一个未知数比方程数量多的欠定线性方程组。基于"$x$ 可以表示为某一变换下的稀疏向量 $z$，即 $x = \Psi z$"的基本假设，可以将 $L_1$ 范数极小化得到的稀疏向量 $z$ 作为 CS 的重构解。⑤隐空间到原域的反变换。因为 $z = \Psi^H x$ 和 $\Psi^H = \Psi^{-1}$，我们可以用 $x = \Psi z$ 恢复信号。

本章将重点研究 CS 在图谱的信号采集和传输中的应用。下面的第一个案例将 CS 用于判别任务，第二个案例设计了一种不同于常规非自适应变换的 CS 变换基，能够实现更为高效的图谱数据采集和传输。

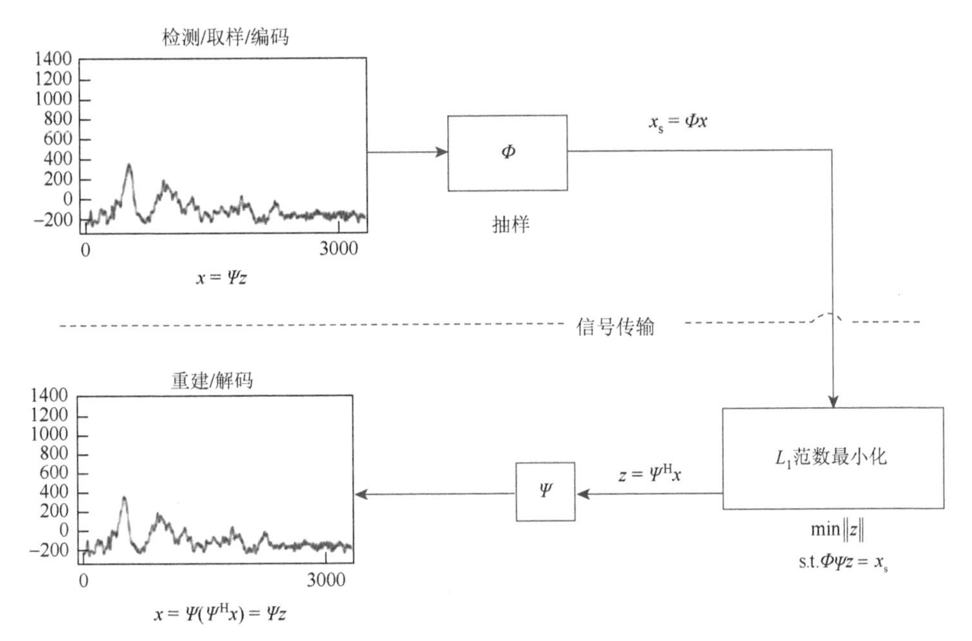


图 3-2　CS 流程图

$x$ 是原始信号；$x$ 是一个 $n$ 维向量；$z$ 是 $x$ 在某种变换下的潜在稀疏表示，这些变换可以是离散傅里叶变换（discrete Fourier transform，DFT）、离散余弦变换（discrete cosine transform，DCT）或哈达玛-沃尔什变换（Hadamard-Walsh transform，HWT）；$\Psi$ 是变换基矩阵；$\Phi$ 为感知矩阵；$\Phi$ 的维数为 $kn \times n$，其中 $k \leqslant 1$；$\Phi\Psi$ 为测量矩阵

# 3.2　领域任务自适应的压缩感知

传统 CS 是对信号 $x$ 进行的一系列数学运算，而在判别任务中，不仅涉及 $x$，还涉及目标变量 $y$（类别标签或类别信息）。如何利用判别任务目标来优化 CS 过程是本节试图回答的核心问题。换句话说，我们试图获得一个有效的 CS，同时在重建信号中保持足够的判别效能。

本节将围绕该问题，以拉曼光谱鉴别奶粉品牌为例，设计一种自适应 CS 图谱数据采集框架，用于判别任务。该框架使用任务特定目标来适配 CS 参数，以获得最优的采样效率。以配方奶品牌识别为例，我们实现了一个有效的 CS 方案，虽然仅采样了 20%的信号，但在重构数据中仍保持了 100%的分类准确率。本节为基于 CS 的图谱数据识别任务提供了理论和可行性验证，也可用于指导设计新型的 CS 增强的图谱检测装备。

## 3.2.1　判别任务及案例数据说明

本研究使用的数据来自配方奶产品的判别任务。

测试对象：来自两个品牌的 4 段（4～7 岁）配方奶样品。一个是高端的国际品牌（>400 元/kg），另一个是价格较低的国内品牌（<100 元/kg）。

任务目标：区分两个品牌。

仪器：Prott-ezRaman-D3 便携式激光拉曼光谱仪（Enwave 光电公司，美国）。激光的激发波长：785nm。激光最大功率：450mW。CCD 探测器工作温度：−85℃。

样品检测步骤：取适量配方奶粉，用激光照射，收集数据。测试过程中，避免环境光线。

数据集：共测试 32 个样本。15 个样本是第一个品牌的，17 个是另一个品牌的。对于每个样本的拉曼光谱数据，光谱范围为 250～2339cm$^{-1}$，光谱分辨率为 1cm$^{-1}$。图 3-3 为两个品牌样本的平均拉曼光谱。

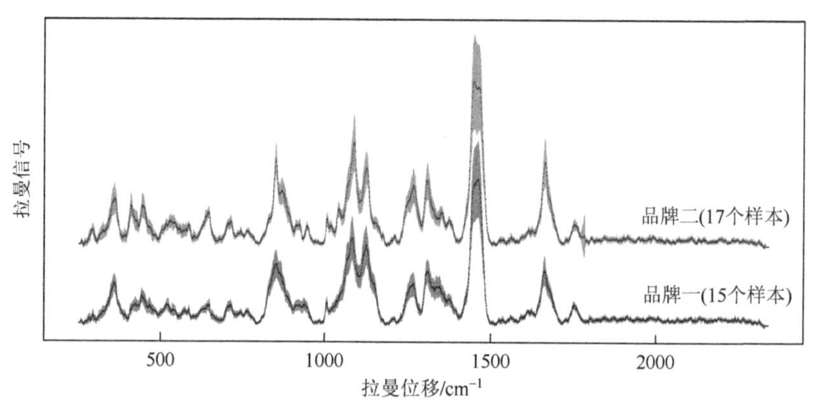


图 3-3　两个品牌样本的平均拉曼光谱

数据预览及特征：①维数：拉曼光谱是一种高维信号。如图 3-3 所示的拉曼光谱包含了 2090 个波数维度。②稀疏性：如图 3-3 所示，拉曼光谱在原始空间并不稀疏。然而，拉曼光谱有可能在另一个隐空间中存在稀疏表示，这也是 CS 可行性的一个基本假设。在下面的稀疏性分析部分中，我们将尝试多个变换来验证这个假设。

## 3.2.2　判别任务的自适应感知方法

从上一节可知，传统的 CS 是仅涉及信号 $x$ 的一系列数学运算，而判别任务不仅包含 $x$，还包含类别信息（即类别标签）$y$。为了纳入类别信息，本节提出了以下 CS 框架。

在图 3-4 中，核心 CS 过程由三个超参数控制：①CS 采样比 $k$ 或感知矩阵 $\Phi$；②变换基矩阵 $\Psi$；③$L_1$ 范数最小化正则化超参数 $\lambda$。在提出的 CS 框架中，将根据领域数据特征和识别任务目标对这三个超参数进行优化。在下一部分中，我们将解释每个超参数以及如何优化它们。

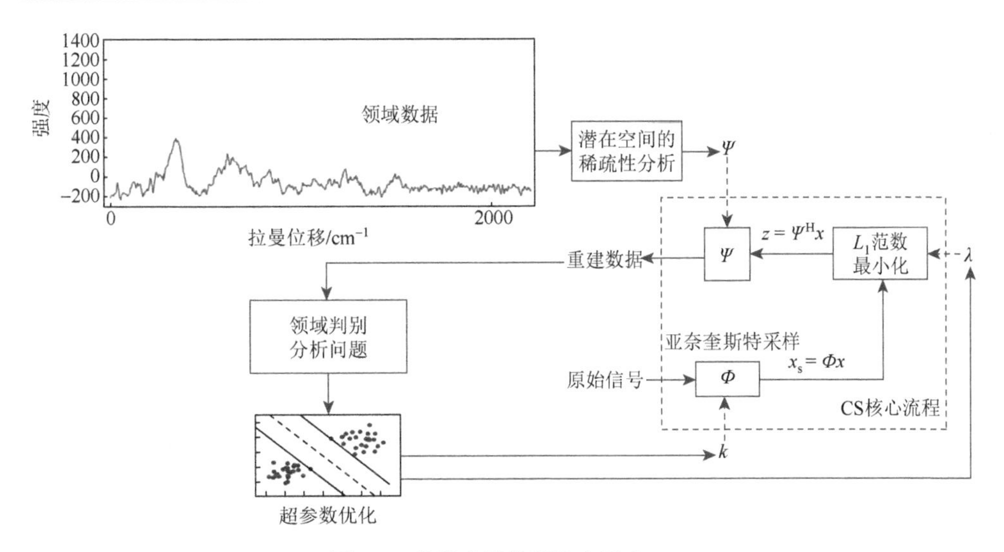


图 3-4　拉曼光谱数据的自适应 CS

1. 感知矩阵的选择

感知矩阵 $\Phi$ 为 $kn\times n$ 矩阵，它是 $n\times n$ 方阵 $\Omega$ 的子集。$\Omega$ 通过置乱单位矩阵的行来生成。对于矩阵 $\Phi$，其列数（$n$）是固定的，行数（$kn$）是可调整的。$k$ 是采样比。$k$ 值越小，压缩比越高，但也会导致更多的信息丢失。$k$ 值越大表示保留更多信息，但压缩效率低。因此，一个理想的 $k$ 值应平衡效率和准确性。

本研究将选择保留足够判别能力的最小 $k$，利用重构数据在不同类别间的判别能力来确定最优 $k$。

2. 变换基选择

变换基矩阵 $\Psi$ 用于将信号从一个空间变换到另一个空间。CS 理论要求，在该变换基矩阵 $\Psi$ 的作用下，原始信号在隐空间中得到稀疏表示。常用的变换基矩阵包括 DCT、DFT 和 HWT。本研究还考虑了单位矩阵（identity matrix，IDM）和均匀分布随机正交矩阵（uniform distribution random orthogonal matrix，UDM）。需要注意的是，IDM 和 UDM 不能生成稀疏结果，仅用于理论上的比较和探讨。

通过稀疏性和相干性分析可以选择最佳的 $\Psi$。在稀疏性分析中，首先用候选基矩阵对原始数据进行变换。然后，在隐空间中，统计零元素来度量稀疏性。我们倾向于使用产生高稀疏性的变换。

根据 CS 理论，$\Psi$ 也需要与 $\Omega$ 不相干，即 $\mu(\Omega,\Psi)\approx 1$。互相干系数定义为 $\mu(\Omega,\Psi)=\sqrt{n}\max\limits_{0\leqslant i,j<n}(\omega_i^{\mathrm{T}}\psi_j)$，其中 $n$ 为基的维数，$\omega_i$ 和 $\psi_j$ 分别为每个矩阵的第 $i$ 和第 $j$ 列向量。$\mu$ 的取值范围为 $1\leqslant\mu\leqslant\sqrt{n}$。我们倾向于选择与 $\Omega$ 相干性低的 $\Psi$。

在上述两个标准（稀疏性和相干性）中，稀疏性与目标领域信号密切相关，而相干性与目标领域无关，仅由每个变换的数学性质决定。

3. $L_1$ 范数最小化正则化超参数的优化

CS 的信号重建涉及从降采样的 $x_s$ 得到隐空间稀疏表示 $z$。$z$ 的复原与 $L_0$ 范式直接相关，即最小化非零元素的个数。然而，$L_0$ 优化问题通常是非凸的（non-convex）且属于 NP 难问题。为此，$L_0$ 最小化常用 $L_1$ 弛豫来近似。因为 $L_1$ 是凸优化问题，所以更容易找到全局最小值。$L_1$ 优化问题的表述如下：最小化$||z||$（$z$ 的 $L_1$ 范数），约束条件为 $Az = x_s$。$Az = x_s$ 指定了一个欠定线性系统（underdetermined linear system）。LASSO 是常用的 $L_1$ 优化算法。LASSO 相当于基追踪去噪（basis pursuit denoising，BPDN）。LASSO 倾向于产生稀疏解，并由 $\lambda$ 控制。较大的 $\lambda$ 能产生更多的零系数和更高的稀疏性。较小的 $\lambda$ 则会产生更多的非零系数，并保留更多的特征。

在本节提出的 CS 框架中，我们可以测量重构数据对不同 $\lambda$ 和 $k$ 值的判别能力。在一定的 $k$ 下，将选择产生最佳判别能力的 $\lambda$。下文将提供每个超参数优化的更多细节。

### 3.2.3 案例研究

1. 稀疏性分析

在本案例研究中，五个候选的正交矩阵被用来转换拉曼光谱数据到各自的隐空间。这五个矩阵分别是 IDM、DCT、DFT、HWT 和 UDM。IDM 和 UDM 不产生稀疏性，仅用于理论验证和对比。

拉曼光谱在不同变换基下的效果及稀疏分析结果如图 3-5 所示。左列显示了在隐空间中变换后的信号。对于 IDM，变换后的信号等于原始信号。对于 DCT 和 DFT，变换后的信号比原始信号稀疏得多，非零成分集中在远端。对于 HWT，结果也是稀疏的，但非零成分分散在整个域上。对于 UDM，变换后的信号不稀疏。

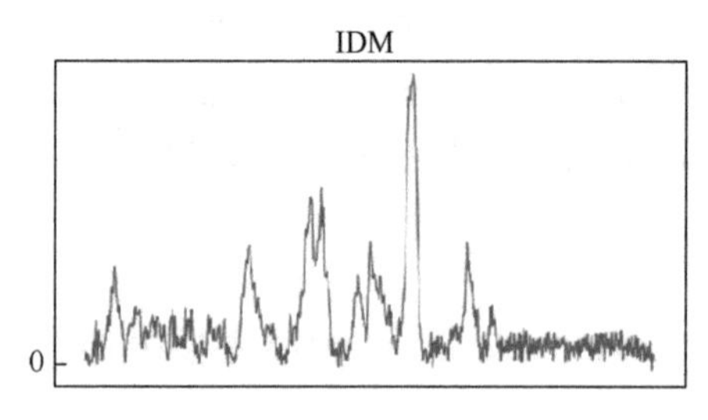


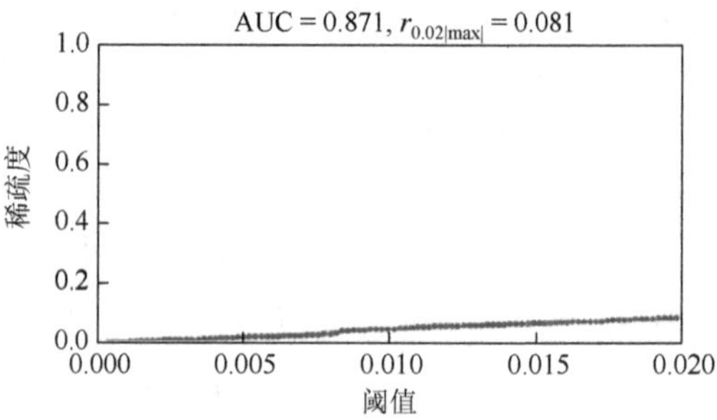

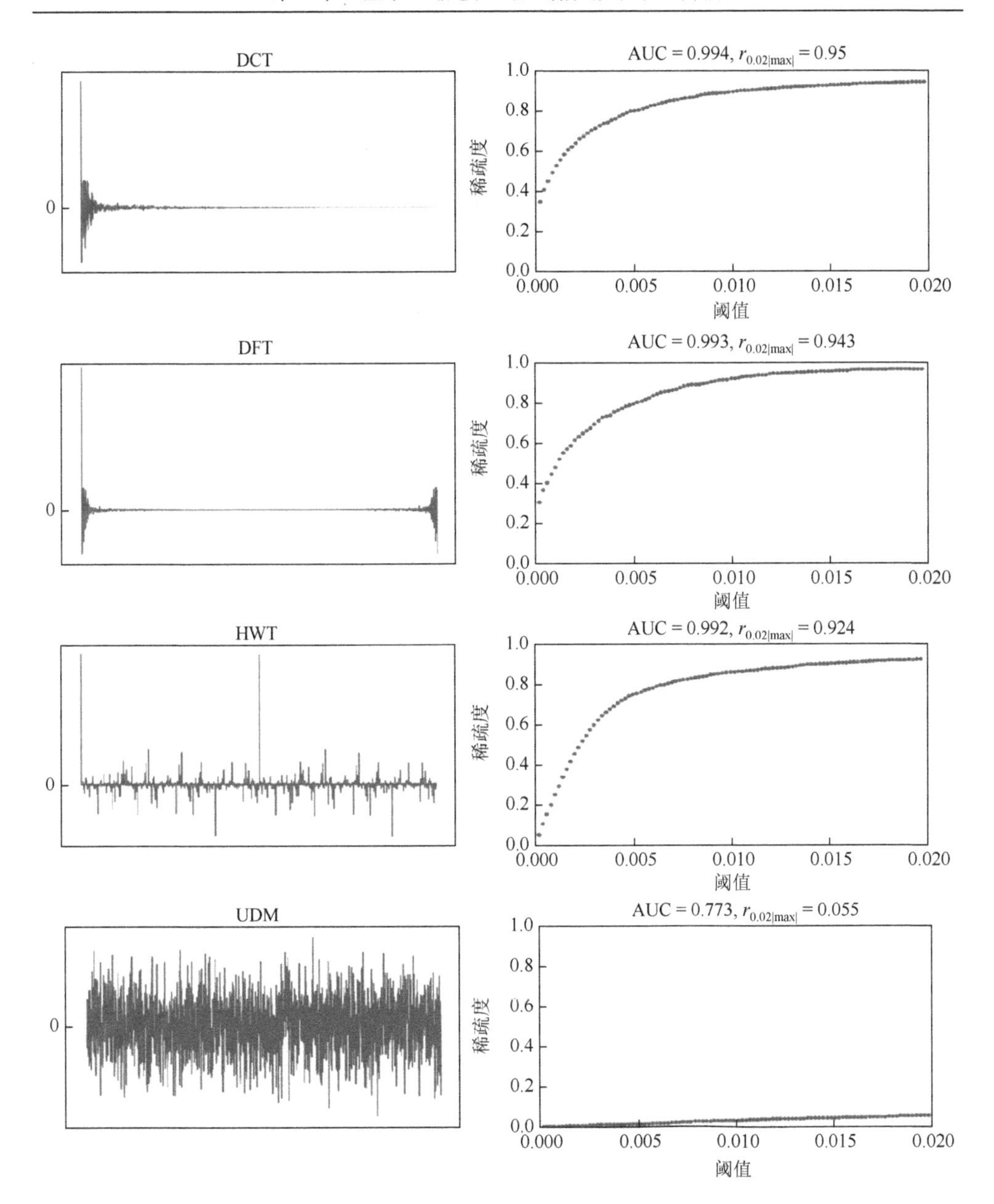


图 3-5　拉曼光谱在不同变换基下的效果及稀疏分析结果

图 3-5 右侧的一列是稀疏度（零元素占比）与阈值的关系曲线。阈值是指如果一个元素小于该值，我们认为它为零。曲线的 $x$ 轴数据是信号强度最大值绝对值（|max|）的占比。在图中，只绘制了曲线的[0, 0.02]范围。对应信号强度最大值绝对值的 0.02，DCT、DFT 和 HWT 均得到了大于 0.9 的稀疏度。

由于曲线随阈值变化，我们可使用曲线下面积（area under the curve，AUC）来比较不同的变换。显然，AUC 的上界是 1。AUC 越大，则隐空间的稀疏性越高。在本研究中，5 个候选基矩阵的 AUC 分别为：$AUC_{IDM} = 0.871$，$AUC_{DCT} = 0.994$，$AUC_{DFT} = 0.993$，$AUC_{HWT} = 0.992$，$AUC_{UDM} = 0.773$。DCT 具有最高的 AUC 值，DFT 和 HWT 次之。

在特定阈值 0.02 时，DCT、DFT、HWT 的稀疏度分别为 0.950、0.943 和 0.924。该结果证实拉曼信号满足 CS 所要求的基本稀疏性假设。

2. 相干性分析

从上述稀疏性分析的结果来看，DCT、DFT 和 HWT 都是有效的变换基候选项。接下来将检查它们与矩阵 $\Omega$ 的一致性。$\Omega$ 为 $n \times n$ 方阵，通过打乱单位矩阵的行生成。取 $\Omega$ 的前 $k$ 行得到感知矩阵 $\Phi$。对于一个有效的 CS，$\Psi$ 和 $\Omega$ 应该是低相干的。

根据公式 $\mu(\Omega,\Psi) = \sqrt{n} \max\limits_{0 \leqslant i,j < n} (\omega_i^{\mathrm{T}} \psi_j)$，计算了 5 个候选 $\Psi$ 矩阵与 $\Omega$ 之间的相干性，结果如表 3-1 所示。表中第二列是候选矩阵的可视化。DFT 是一个复矩阵，具有幅度和相位（角）两个分量。第三列表示相干值（互相干系数）。DFT 和 HWT 是与 $\Omega$ 相干最小的矩阵。它们的相干值达到理论下限。IDM 的相干值最大，达到理论上限。

**表 3-1　5 个候选 $\Psi$ 矩阵与 $\Omega$ 之间的相干性**

| $\Psi$ | $\Psi$ 的可视化 | $\mu(\Omega, \Psi)$ | 注释 |
| --- | --- | --- | --- |
| IDM | | 45.717 | $\mu$ 达到上限 $\sqrt{n}$ 。在这里：$n = 2090$，$\sqrt{2090} = 45.717$。因此，IDM 与 $\Omega$ 高度相干 |
| DCT | | 1.414 | 结果与理论计算结果吻合：$\mu = \sqrt{2}$ |

续表

| $\Psi$ | $\Psi$的可视化 | $\mu(\Omega, \Psi)$ | 注释 |
|---|---|---|---|
| DFT | | 1.000 | DFT 的幅度和相位分量。结果与理论计算结果吻合：$\mu = 1$ |
| HWT | | 1.000 | 结果与理论计算结果吻合：$\mu = 1$ |
| UDM | | 5.293 | 结果比 IDM 好，但比其他变换基差 |

同时考虑稀疏性分析结果和相干值，选取 DFT 为最终 $\Psi$。

3. 确定采样比的下界

在优化采样比 $k$ 之前，我们可以找到它的下界。根据 CS 理论，$k$ 需要满足四比一经验准则，即对于精确重构，每个非零元素至少需要四个非相干测量。

该规则确定了 $k$ 的下界：$k \geqslant 4 \times$非零元素的百分比。如图 3-5 所示，在选定的阈值 0.02 下，DFT 下的变换信号有 94.3%的零元素、5.7%的非零元素。因此，采样比 $k \geqslant 4 \times 0.057 \approx 0.2$。也就是说，我们至少需要采集 20%的原始信号才能获得理想的重建效果。$k$ 的另一个约束条件是它必须尽可能保留判别任务的相关信息。因此，将在后续的判别分析中对 $k$ 和 $\lambda$ 进行优化。

4. 判别分析

在判别分析中，我们使用支持向量分类器（support vector classifier，SVC）模型对不同超参数组合（$k,\lambda$）下的重构数据进行分类，然后通过多元方差分析（multivariate analysis of variance，MANOVA）检验，判断类间是否存在统计学上的显著差异。

SVC 的准确性由 $K$ 折交叉验证（$K$-fold cross validation，$K$-CV）衡量，本案例取 $K=4$。在表 3-2 中，ACC（accuracy，准确率）列是 $K$ 折交叉验证法的平均分类准确率。MANOVA 检验测试了主成分分析提取到的两个主成分。

**表 3-2　不同（$k,\lambda$）组合的判别分析结果**

| $k$ | $\lambda$ | ACC | MANOVA $p$ 值 |
|---|---|---|---|
| 0.1 | 0.001 | 0.783 | 0.078 |
| 0.1 | 0.01 | 0.881 | 0.000 |
| 0.1 | 0.1 | 0.764 | 0.446 |
| 0.1 | 1 | 0.794 | 0.053 |
| 0.1 | 10 | 0.727 | 0.137 |
| 0.2 | 0.001 | 0.972 | 0.037 |
| 0.2 | 0.01 | 1.0 | 0.000 |
| 0.2 | 0.1 | 0.944 | 0.000 |
| 0.2 | 1 | 0.917 | 0.000 |
| 0.2 | 10 | 0.885 | 0.000 |
| 0.3 | 0.001 | 1.0 | 0.000 |
| 0.3 | 0.01 | 1.0 | 0.000 |
| 0.3 | 0.1 | 1.0 | 0.000 |
| 0.3 | 1 | 0.944 | 0.000 |
| 0.3 | 10 | 0.944 | 0.000 |
| 0.4 | 0.001 | 0.972 | 0.000 |
| 0.4 | 0.01 | 1.0 | 0.000 |
| 0.4 | 0.1 | 1.0 | 0.000 |
| 0.4 | 1 | 1.0 | 0.000 |
| 0.4 | 10 | 1.0 | 0.000 |

注：MANOVA 检验包括 Wilk 统计量、 Pillai 迹统计量、Hotelling-Lawley 迹统计量和 Roy 最大根统计量。如果没有单独列出，这四个测试具有相同的结果。

分类准确率和 MANOVA 检验用于判断理化数据集的可分性/判别能力。由表 3-2 可知，随着采样比 $k$ 的增大，保留的原始信息量增多，重建效果越好，数据集的可分性越高。$\lambda=0.01$ 下的最小可接受 $k$ 值为 0.2。在这一组合中，ACC = 1.0，MANOVA $p$ 值= 0（拒绝零假设，即类别间有显著差异）。该结果支持压缩感知的四比一经验准则，因为 $k=0.2$ 是 CS 抽样比的理论下界。

表 3-3 给出了第一个拉曼样本的潜在稀疏表示 $z$ 和重构信号 $x$ 的可视化。在固定的 $\lambda=0.01$ 时，可以看到重构质量随着 $k$ 的增加而得到改善。在固定的 $k$（如 0.2）下，$\lambda$ 控制 LASSO 解的稀疏性（即 $z$）。当 $\lambda=10$ 时，$z$ 比其他情况更稀疏。由于 $z$ 中的高频成分的损失，重构信号也更加平滑。

**表 3-3　潜在稀疏表示 $z$ 和重构信号 $x$ 的可视化**

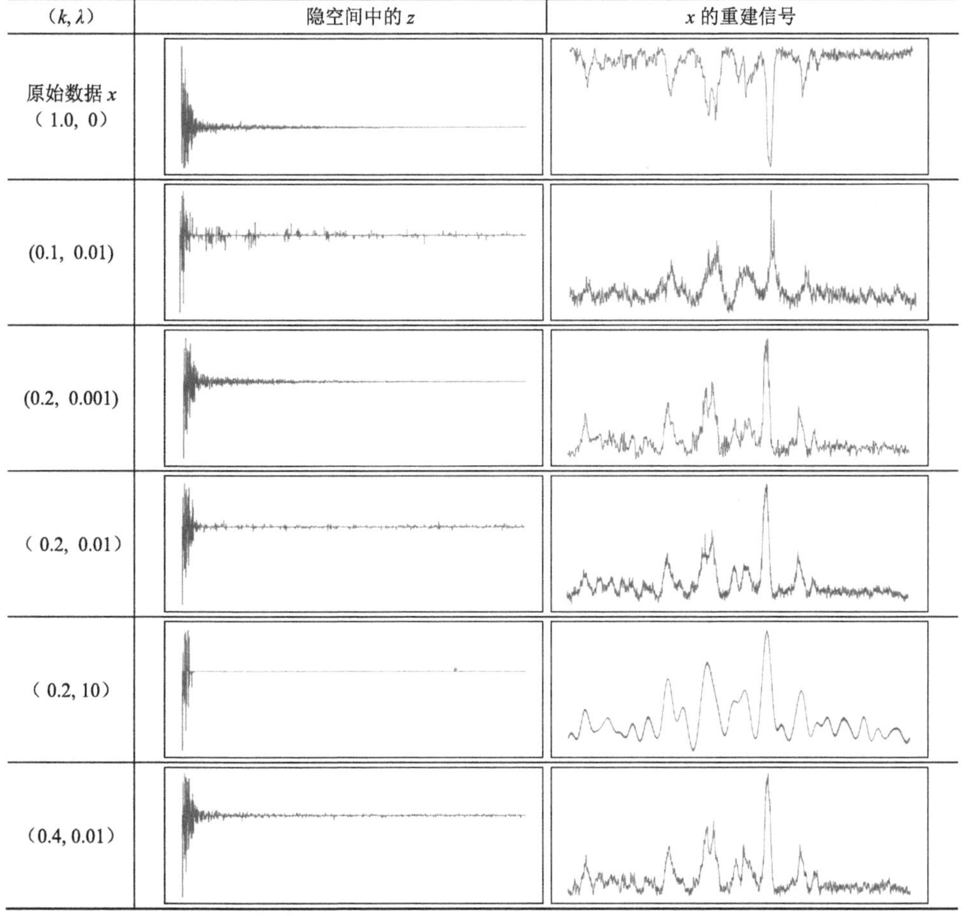

| $(k,\lambda)$ | 隐空间中的 $z$ | $x$ 的重建信号 |
|---|---|---|
| 原始数据 $x$<br>（1.0，0） | | |
| (0.1，0.01) | | |
| (0.2，0.001) | | |
| （0.2，0.01） | | |
| （0.2, 10） | | |
| （0.4, 0.01） | | |

注：第一行是 $k=1.0$，$\lambda=0$ 的情况，在这种情况下，测量矩阵 $A$ 为 $n\times n$ 的满秩方阵。对所有数据点进行采样，无信息丢失。在这种情况下，LASSO 被降级为求解具有等未知量和方程的线性系统。$z$ 只有一个解且重构后的 $x$ 和原来的 $x$ 是相同的。

表 3-4 提供了 CS 重构前后整个数据集的可视化。每行有三个子图。第一个子图是来自主成分分析的第一个主成分（principal component，PC）的二维可视化。第二和第三个子图是在不同类别中两个 PC 的箱线图。第一行是对原始数据集 $X$ 进行主成

分分析的结果。在 PC 的二维平面上，两个类的决策边界面积比较大。这意味着原始数据在两个类之间具有很好的辨别能力。一个可接受的 CS 应该保留这样的类间结构。

**表 3-4　重构数据集判别分析的可视化**

| $(k, \lambda)$ | 主成分分析可视化 | | | ACC | $P$ |
|---|---|---|---|---|---|
| 原始数据集 $X$ | 二维可视化 | PC1 | PC2 | 1.000 | 0.000 |
| (0.1, 0.01) | 二维可视化 | PC1 | PC2 | 0.881 | 0.000 |
| (0.2, 0.001) | 二维可视化 | PC1 | PC2 | 0.972 | 0.037 |
| (0.2, 0.01) | 二维可视化 | PC1 | PC2 | 1.000 | 0.000 |
| (0.2, 10) | 二维可视化 | PC1 | PC2 | 0.885 | 0.000 |
| (0.4, 0.01) | 二维可视化 | PC1 | PC2 | 1.000 | 0.000 |

注：第一行是对原始数据集 $X$ 执行的主成分分析结果；$P$ 表示多元方差分析显著性。

表 3-4 中其他行是不同 $k$ 和 $\lambda$ 组合下的重构数据。在一个固定的 $\lambda$（如 0.01）下，较大的 $k$ 值倾向于保留更多的判别结构。例如，当 $k=0.4$ 时，二维可视化几乎与原始数据相同。

当 $k=0.1$ 时，两类数据点重叠，没有明显的分界线。$\lambda$ 的选择也影响 CS 重构。例如，当 $k=0.2$ 时，$\lambda=0.01$ 的结果优于 $\lambda=0.001$ 和 $\lambda=10$ 的结果。

基于以上分析，最后选取三个超参数的值如下：①CS 采样比 $k=0.2$；②变换基矩阵 $\Psi$ 为 DFT；③$L_1$ 范数最小化正则化超参数 $\lambda=0.01$。在这组超参数下，仅对原始信号的 20%进行采样，就可以达到 100%的分类准确率（划分面积较大）。因此，针对这一特定的判别任务，可以构建一个 CS 模块，并部署到业务系统中。

### 3.2.4　讨论与后续工作

1. 变换基的选取

CS 理论要求信号在一定的变换下是稀疏的。这个变换是由一个酉矩阵 $\Psi$ 完成的。$\Psi$ 将原始信号转换为隐空间中的稀疏表示，其稀疏程度将影响信号恢复的质量。本节比较了五种变换基矩阵：IDM、DCT、DFT、HWT 和 UDM。可以发现不同类型的变换产生了不同程度的稀疏性（图 3-5）。DCT、DFT 和 HWT 表现相当好，并为域数据产生稀疏表示。

2. 扩展到其他任务

从机器学习的角度来看，传统的 CS 是一个无监督问题，即只关注信号 $x$ 的采样和重构。而本节研究处理的判别任务是一个有监督问题，涉及信号 $x$ 和分类信息 $y$。具体来说，这是一个试图计算 $P$（$y|x_s$）的分类问题，即给定一个亚奈奎斯特采样后的信号 $x_s$，找到它属于 $y$（类别标签）的条件概率。除了分类外，还有其他监督推理任务，如回归和特征选择。我们认为本节提出的方法也可以推广到这些任务中。

3. 其他 CS 重建方法

CS 的一个核心问题是如何从亚奈奎斯特测量中恢复信号。本节中提出的 CS 框架使用 $L_1$ 最小化（如 LASSO）进行信号重构。后续还可以考虑其他重建方法。一种选择是基于贪婪算法的匹配追踪（matching pursuit，MP）族。该系列包括正交匹配追踪（orthogonal matching pursuit，OMP）及其衍生算法，如压缩采样匹配追踪（compressive sampling MP，CoSaMP）[133]和量化压缩采样匹配追踪（quantized CoSaMP，QCoSaMP）[134]。MP 是一个迭代过程，每次找到 $A$（测量矩阵）的列向量，使之与 $y$ 或残差关联最强。经过多次迭代，所选列向量的系数构成重构的稀疏信号 $z$。MP 族本质上是一种求解 $L_0$ 最小化的贪婪算法，其重构结果可能与基于 $L_1$ 的 LASSO 不同。另一种替代方法是基于深度学习的方法[129, 135, 136]，这种方法通常使用经过训练的生成模型进行信号重建。对于拉曼光谱分析数据，这些替代方法是否优于 $L_1$ 最小化仍需探索。在未来，我们将扩展 CS 框架，引入更多的重建方法，并进行案例研究。

4. 低于理论下限的压缩感知

本节研究的任务目标是保持判别能力，即使 $P(y|x_s)$逼近 $P(y|x)$。仅仅为了这个目的，我们认为如果能保持最小的类间结构，完全的信号重建可能是不必要的。这允许我们选择一个甚至低于四比一经验准则所指定的阈值的抽样比率。在实验中，$k = 0.2$ 是理论下界，不同类别之间的划分范围非常大。由表 3-4 可知，在 $k = 0.2$ 时，测量成本仍有进一步降低的空间。当进一步减小 $k$ 时，判别能力随着重构误差的增大而逐渐减小。我们可以在 0.1～0.2 之间找到一个平衡点，以在可接受的 CS 恢复误差内获得满意的分类准确率。$k$ 的平衡点应该由实际的决策支持需求决定。

5. 新型 CS 增强图谱装备的研发

CS 的一个标志性发明是单像素相机[131, 137]。与主流相机中百万级传感器阵列不同，该设备仅使用一个光传感器就能生成 2D 图像。在这项发明的启发下，可尝试研发单像素（或 $n$ 像素）版本的图谱检测装备。这类新形态设备有望比传统的更经济，尤其适用于连续遥感和生产线监测任务。未来，我们将与光学工程和电气工程的研究人员开展跨学科项目。

## 3.3　压缩感知自适应变换基的设计

在 CS 中，基的选择是一个关键问题。变换基矩阵 $\Psi$ 不但决定了最小采样比，而且决定了信号重构质量。

$\Psi$ 定义了将初始信号映射到隐空间的转换。CS 理论要求这种潜在表示尽可能地稀疏。稀疏度决定了最小采样比和最大信号重构质量。在数学上，$\Psi$ 是一个酉矩阵，即 $\Psi^{H} = \Psi^{-1}$。最常用的基有 DCT、DFT 和 HWT。

这些基都是通用且“非自适应的”。我们认为，对于特定的任务，可能存在更好的“自适应”基。然而，基的设计/选择是非常重要的，需要对域信号的统计特性有先验知识。本节的主要目标是找到并验证这种适合光谱分析应用任务的自适应变换。在先前的 CS 研究中[138]，我们使用非自适应变换进行拉曼光谱分析。作为对之前研究的补充，本节将研究自适应变换。

### 3.3.1　常用的非自适应变换

表 3-5 列出了三种广泛使用的非自适应变换，包括 DCT、DFT 和 HWT。这些变换可以适应我们日常生活中遇到的大多数信号（除了固有的随机信号或白噪声外）。例如，联合图像专家组内部使用 DCT，这是基于一个普遍事实，即一张照片的大部分信息集中在少数低频成分中（即 DCT 下的稀疏成分）。

**表 3-5　常用的非自适应变换基矩阵**

| 变换类别 | 变换基矩阵 $\Psi$ |
| --- | --- |
| DCT | $\mathrm{DCT}_{N,N}=\frac{1}{\sqrt{N}}\begin{bmatrix} 1 & 1 & \cdots & 1 \\ \sqrt{2}\cos\left(\frac{\pi}{2N}\right) & \sqrt{2}\cos\left(\frac{3\pi}{2N}\right) & \cdots & \sqrt{2}\cos\left(\frac{(2N-1)\pi}{2N}\right) \\ \vdots & \vdots & & \vdots \\ \sqrt{2}\cos\left(\frac{(N-1)\pi}{2N}\right) & \sqrt{2}\cos\left(\frac{3(N-1)\pi}{2N}\right) & \cdots & \sqrt{2}\cos\left(\frac{(2N-1)(N-1)\pi}{2N}\right) \end{bmatrix}$ |
| DFT | $\mathrm{DFT}_{N,N}=\left(\frac{\omega^{jk}}{\sqrt{N}}\right)_{j,k=0,\cdots,N-1}=\frac{1}{\sqrt{N}}\begin{bmatrix} \omega^0 & \omega^0 & \omega^0 & \cdots & \omega^0 \\ \omega^0 & \omega^1 & \omega^2 & \cdots & \omega^{N-1} \\ \omega^0 & \omega^2 & \omega^4 & \cdots & \omega^{2(N-1)} \\ \omega^0 & \omega^3 & \omega^6 & \cdots & \omega^{3(N-1)} \\ \omega^0 & \vdots & \vdots & & \vdots \\ \omega^0 & \omega^{N-1} & \omega^{2(N-1)} & \cdots & \omega^{(N-1)(N-1)} \end{bmatrix}$ |
| HWT* | $\mathrm{HWT}_{2^N}=\frac{1}{\sqrt{\frac{N}{2}}}\begin{bmatrix} 1 & 1 & 1 & 1 & \cdots & 1 & 1 \\ 1 & -1 & 1 & -1 & \cdots & 1 & -1 \\ 1 & 1 & 1 & 1 & \cdots & 1 & 1 \\ 1 & -1 & 1 & -1 & \cdots & 1 & -1 \\ \vdots & \vdots & \vdots & \vdots & \vdots & \vdots & \vdots \\ 1 & 1 & 1 & 1 & \cdots & 1 & 1 \\ 1 & -1 & 1 & -1 & \cdots & 1 & -1 \end{bmatrix}$ |

* HWT 基必须填充到 $2^N$ 尺寸。

除了上述非自适应变换基外，本节还加入了 IDM 作为对照的理论基线。IDM 具有以下性质：①在 IDM 下，隐空间为初始信号空间，因此 $z=x$。②重构过程中，由于 $\Psi=I$（$I$ 表示单位矩阵），因此 $A=\Phi\Psi=\Phi I=\Phi$，$x_r=z$，因此 $Az=x_s$ 变为 $\Phi x_r=x_s$。因为 $\Phi$ 中的每一行都是独热（one-hot）编码，也就是说，只有一个元素是 1，其他元素都是 0，所以得到的 $x_r$ 只是将 $x_s$ 中的每个点恢复到原来的位置。

③当 $k=1$ 时，$\Phi$ 为方阵，$x_s$ 为 $n$ 维向量。在重构阶段，线性系统 $\Phi x_r = x_s$ 有相同数量的未知数和方程。因此，它有唯一解，$x_r$ 是 $x$ 的精确恢复。

“非自适应”是一把双刃剑。一方面，非自适应变换不需要对域信号做任何特定的假设，但它们通常可以表现得相当好；另一方面，它们不能利用任何特定领域的先验知识，这使它们在具体任务中处于不利地位。因此，本研究的主要目标是提出并验证一种更适合图谱信号的任务自适应变换。

### 3.3.2 基于特征向量的投影变换

本节介绍了一种基于特征向量的投影（eigenvector-based projection，EBP）变换。奇异值分解（singular value decomposition，SVD）是一种矩阵分解技术，它将一个矩阵分解为三个部分：$X=USV^{\mathrm{T}}$。$U$ 和 $V$ 是正交的（更准确地说是酉矩阵），$U$ 中的列是左特征向量，$V$ 中的列是右特征向量，$S$ 是对角线。$S$ 中的对角元素称为奇异值。$U$ 和 $V$ 表示 $X$ 中的“旋转”因子，$S$ 表示 $X$ 中的“拉伸”因子。

图 3-6 显示了 EBP 基的求解过程。首先，我们需要收集足够的域信号样本。“足够”意味着这些样本应该捕获足够的分布信息（SVD 意义上的方差）。利用 $n$ 维信号的 $m$ 个样本，构造一个 $m\times n$ 矩阵 $X$，然后对 $X$ 进行 SVD。最后一个旋转因子 $V$ 本质上是一组特征向量。$V$ 可以作为 CS 场景下的 EBP 变换基。

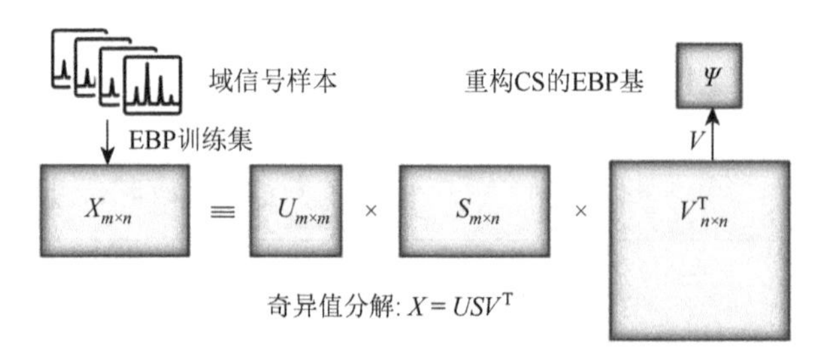


图 3-6 使用 SVD 生成 EBP 变换基的步骤

步骤如下：①采集域信号样本构建训练集 $X$；②对 $X$ 进行奇异值分解；③以最后一个旋转因子 $V$ 作为 CS 重构的 EBP 基。在 EBP 的作用下，来自同一域的任何新信号样本都将是稀疏的

接下来将描述 EBP 与 PCA 的关系。我们将看到 EBP 的基 $V$ 也是 PCA 中协方差矩阵的左旋转因子。它等于载荷矩阵，具有“信息集中”效应。将 $V$ 应用于来自同一领域的新信号，将得到稀疏投影。

PCA 涉及协方差矩阵（$\dfrac{X^{\mathrm{T}}X}{m}$，$X$ 已去均值）的 SVD，如下：

$$\mathrm{Cov}=\frac{X^{\mathrm{T}}X}{m}=\frac{(VS^{\mathrm{T}}U^{\mathrm{T}})USV^{\mathrm{T}}}{m}=V\left(\frac{S^{\mathrm{T}}S}{m}\right)V^{\mathrm{T}}\triangleq V\Lambda V^{\mathrm{T}}$$

$\Lambda$ 是一个特征值对角矩阵。因为 $\Lambda=\frac{S^{\mathrm{T}}S}{m}$，所以每个特征值等于奇异值的平方除以观测次数，即 $\lambda_i=\frac{s_i^2}{m}$。上面使用了协方差矩阵的偏置版本。无偏版本为 $\mathrm{Cov}=\frac{X^{\mathrm{T}}X}{m-1}$。

在 PCA 的情况下，$V$ 是主成分载荷矩阵。只保留 $V$ 的前 $K$ 行特征向量，$X$（$m\times n$ 矩阵）可以投影到 PCA 隐空间的 $m\times K$ 矩阵中。通常 $K<n$，所以 PCA 具有降维效果。它还具有有损压缩效应，信息损失 $=\sum_{i=K+1}^{n}\lambda_i/\sum_{i=1}^{n}\lambda_i$。

对于一个特定的域数据集 $X$，SVD 的前几个特征向量是捕获大部分信号信息/方差的投影方向。在 EBP 之后，得到的 $z$ 在隐空间中将是非常稀疏的。在接下来的部分，我们将进行一个案例研究来验证 EBP，并将其与非自适应的方法进行比较。

### 3.3.3　案例研究

1. 数据采集

背景：本案例研究的目的是用拉曼光谱分析年份白酒。拉曼光谱是一种振动光谱技术[68]，研究人员已经使用拉曼光谱分析了各种材料和产品，如葡萄酒[139]、草药[140]、食用油[141]、牛奶[142]等。拉曼光谱的核心是 CCD 传感器，它可以通过 CS 来加速 ADC 过程。

数据集：310 个年份白酒样品的拉曼光谱数据集。这些样品来自 5 批 8 年古井贡酒（中国国家地理标志性品牌）。图 3-7 绘制了其平均信号。

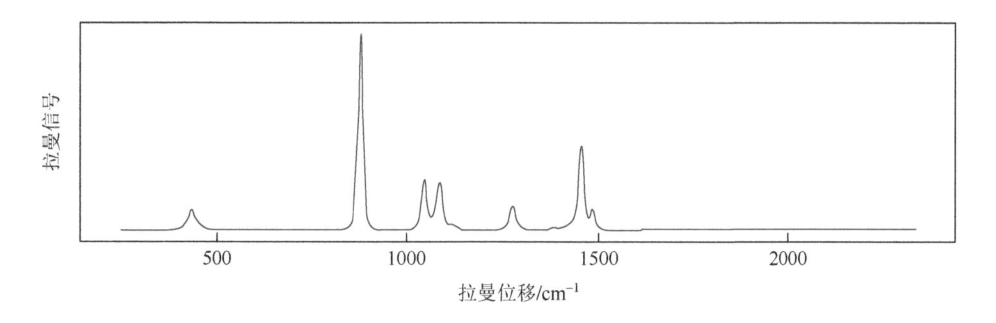


图 3-7　310 个年份白酒样品的平均拉曼信号

仪器：Prott-ezRaman-D3 激光拉曼光谱仪（Enwave 光电公司，美国），光谱分辨率：$1cm^{-1}$，光谱范围：251～$2338cm^{-1}$。

2. 信号隐空间稀疏性分析

CS 要求信号在特定的变换下是“稀疏的”。变换后的信号 $z$ 的稀疏性决定了最小采样比 $k$。在隐空间中生成最稀疏表示的基被认为是最好的。因此，我们首先对不同的 CS 变换进行了初步的稀疏性分析。在图 3-8 中，第二列显示了每个变换在隐空间中的 $z$。①对于 IDM，$z=x$，即变换后的信号 $z$ = 源信号 $x$。②DCT 和 DFT 在隐空间中具有稀疏的 $z$，大部分能量集中在低频部分。③对于 HWT，$z$ 中的非零元素分布均匀（不集中）。④EBP 具有最稀疏的 $z$ 表示。考虑到 $z$ 的稀疏性，EBP 预计会比非自适应变换基表现得更好。图 3-8 的后四列是不同变换和采样比下的重构结果。通过比较重构信号，我们得到如下观测结果：①当 $k=0.01$ 时，$n_s=20$。这意味着只用 20 个点来重构原来的 2088 个点。在这样有限的信息下，非自适应变换的重构是相当混乱的。相比之下，EBP 有一个近乎完美的重构。②随着 $k$ 的增加，保留的信息更多，重构质量逐渐提高。③重构质量：EBP＞DCT＞DFT＞HWT。在 $k$ 相同时，DFT 和 HWT 的重构信号比 DCT 具有更多的“毛刺/噪声”（spiky）。

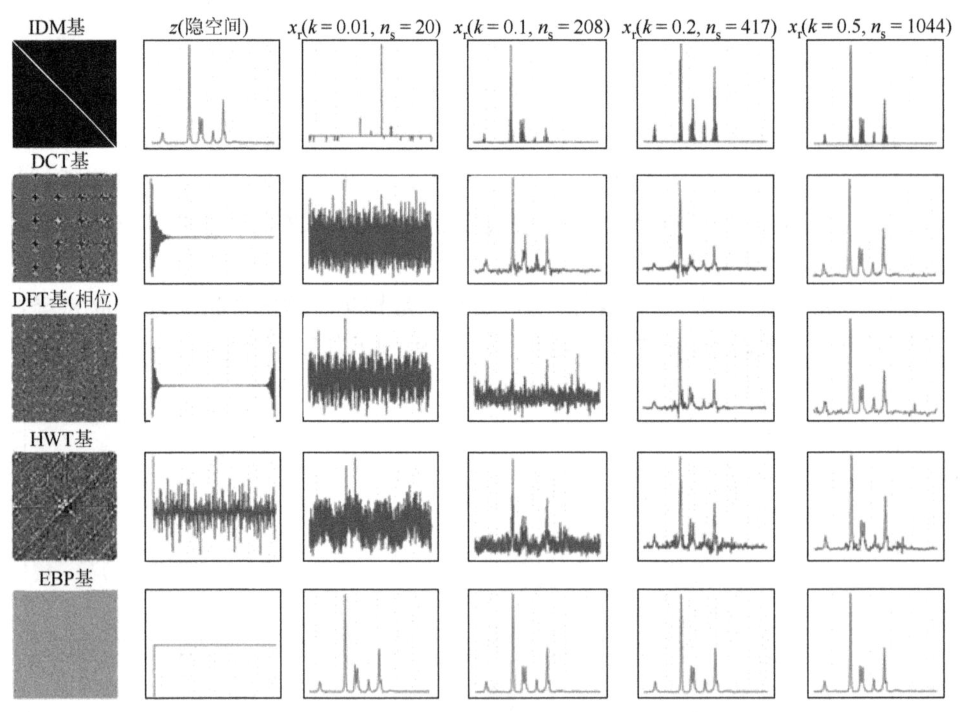


图 3-8 不同变换基在不同采样比下的 CS 重构结果

最后四列显示不同 $k$ 级的重构信号（$x_r$）。每一列对应一个特定的 $k$ 值，而每一行对应一个变换。IDM 的 $z$（在第一行和第二列）等于初始信号 $x$，是重构的真值

### 3. 评估策略

为了评估不同的 CS 变换，我们可以考虑 CV 或自助法（bootstrapping，即有放回抽样）策略。虽然两者都是重采样方法，但 CV 更专注于模型评估，而自助法更多地用于统计参数估计和集成学习。在实际数据集中，$K$ 折交叉验证通常比其他方法[143]表现得更好，本研究选择重复双 $K$ 折 CV（rdk-CV）[144]。rdk-CV 的外循环是一个重复的 10 折 CV，内循环是另一个 5 折 CV，用于优化 CS 重构超参数。

每个 CV 迭代包括以下步骤。

1）基的训练

我们首先通过对训练集矩阵做 SVD 分解来构建 EBP 基（图 3-6）。然后，根据数学定义构建三个非自适应变换基，即 DCT、DFT 和 HWT（表 3-5）。最后，作为理论对照，我们也将 IDM 纳入对比。

IDM、EBP、DCT、DFT 的基都是 2088×2088 的方阵，而 HWT 的基是 4096×4096，这是因为 HWT 要求基的维数为 $2^N$。生成的基绘制在图 3-8 的第一列中。

2）采样

对测试集在不同的变换基和 $k$ 值下进行 CS。因为源信号 $x$ 是一个 $n$ 维向量（$n = 2088$），对源信号执行 CS 等于随机抽取 $kn$（$k$ 为采样比，$0<k\leqslant1$）个样本点。因此 $x_s$ 的长度为 $n_s = kn$。对于高的 ADC 效率，$k$ 应该很小。但是，小 $k$ 也意味着信息损失大，重构质量低。在实际应用中，用户在选择 $k$ 值时应该权衡利弊。本研究将尝试比较宽的 $k$ 值范围，即 0.01、0.1、0.2 和 0.5。

3）重构

在 CS 重构中，我们使用 LASSO[145]来求解 $L_1$ 范数最小化。在 rdk-CV 的内层循环中，我们使用另一个 5 折 CV 来确定 LASSO 的最佳 $L_1$ 正则化超参数。

4）测量

我们采用相对均方误差（relative mean square error，RMSE）和信噪比（signal-to-noise ratio，SNR）来衡量测试集的信号重构质量。$\text{RMSE} = \dfrac{(x - x_r)^2}{x^2}$。$\text{SNR} = \dfrac{x^2}{(x - x_r)^2} = \dfrac{1}{\text{RMSE}}$。信噪比也可以用 dB 测量，即 $10\log_{10}(\text{SNR})$。RMSE 测量残差/噪声与源的比值。信噪比大于 1.0（0dB）意味着有用信号比噪声更多。重构时间 $T$ 也被记录为性能指标。

### 4. 结果

在 rdk-CV 之后，对所有迭代的 RMSE 和 SNR 进行平均（表 3-6），结果与

图 3-8 一致。在 $k=0.01$、0.1、0.2 和 0.5 时，EBP 的 RMSE 几乎为零。信噪比分别为 $4.8\times10^3$（37dB）、$2.3\times10^5$（54dB）、$4.6\times10^5$（57dB）和 $1.5\times10^6$（62dB）。与非自适应变换相比，EBP 具有更好的 RMSE 和信噪比。

**表 3-6　信号重构质量**

| $k$ | | 0.01 | 0.1 | 0.2 | 0.5 |
|---|---|---|---|---|---|
| $n_s$ | | 20 | 208 | 417 | 1044 |
| RMSE | IDM | 0.319 | 0.289 | 0.258 | 0.161 |
| | DCT | 0.326 | 0.114 | 0.062 | 0.033 |
| | DFT | 0.681 | 0.316 | 0.184 | 0.151 |
| | HWT | 0.322 | 0.276 | 0.149 | 0.058 |
| | EBP | 0.0 | 0.0 | 0.0 | 0.0 |
| SNR | IDM | 3.134 | 3.461 | 3.876 | 6.206 |
| | DCT | 3.063 | 8.756 | 16.172 | 30.058 |
| | DFT | 1.468 | 3.168 | 5.438 | 6.608 |
| | HWT | 3.102 | 3.617 | 6.706 | 17.195 |
| | EBP | $4.8\times10^3$ | $2.3\times10^5$ | $4.6\times10^5$ | $1.5\times10^6$ |

注：$k$ 为 CS 采样比，范围为 0～1。$n_s$ 为初始信号的采样点个数，也就是 $x_s$ 的长度，$n_s=kn$。

在 CV 评估过程中，我们还记录了每次迭代的重构时间。这五个转换的平均重构时间绘制在图 3-9 中。EBP 的重构时间与 DCT（18.2ms）相当，略优于 DFT（20.9ms）。HWT 使用的时间（126.3ms）明显比其他方法多。因为 HWT 需要将初始信号填充到 $2^N$ 个维度（$\Psi$ 也从 2088×2088 扩大到 4096×4096），所以计算时间比较长。

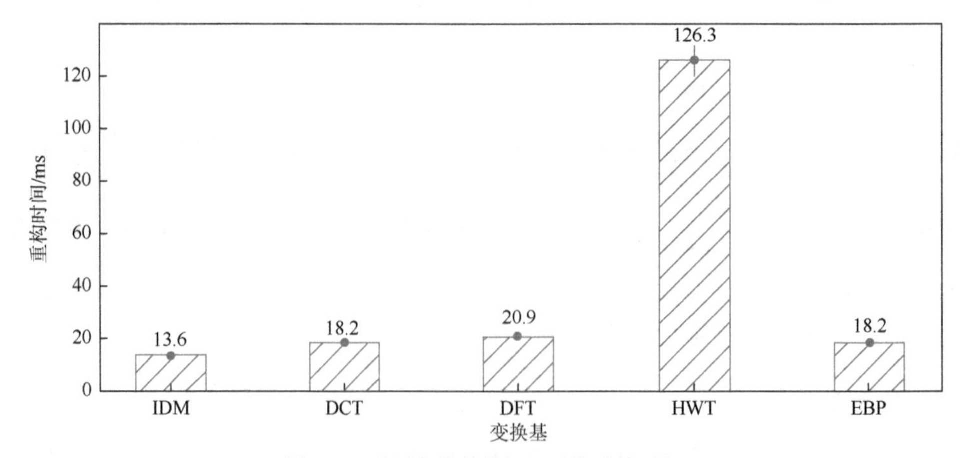


图 3-9　不同变换基的 CS 平均重构时间

在本案例研究中，EBP 展示了出色的性能。与 PCA 的分量加载矩阵一样，EBP 具有信息集中效应。EBP 在隐空间中的变换 $z$ 比非自适应变换稀疏得多。在相同采样比 $k$ 下，EBP 具有最好的信号重构质量。总之，对于特定的分析任务，EBP 是传统非自适应变换的一个更具竞争力的替代方案。EBP 可以进一步降低采样比，降低总体测量成本。

### 3.3.4 讨论与后续工作

1. 确定所需样本量

EBP 基的获得依赖对训练集进行奇异值分解。如何确定最小样本量是一个值得进一步研究的基本问题。更多的样本通常会对域信号提供更可靠和准确的信息，而小的样本容量由于随机性会产生不稳定的结果。为了确定最小样本量，我们需要测量这种“不稳定性”。一种方法是找到或设计一个统计量并计算其方差，如样本均值或信号重构质量。另一种方法是使用自助法来构建代理模型并度量代理模型之间的偏差。如何协调这些不同方法的结果，并找到最合适的方法，还有待探索。

2. CS 欠采样模式

在 CS 中，采样模式决定了感知矩阵 $\Phi$。本研究采用均匀随机抽样模式（表示为 $\Phi_U$），这是因为它已经被很好地检验和广泛使用。根据 CS 理论，$\Phi$ 与变换基 $\Psi$ 要求是不相干（incoherent）的。可以证明 $\Phi_U$ 与常见的变换基都具有非常低的相干性（表示为 $\mu$），如 DCT（$\mu=\sqrt{2}$）、DFT（$\mu=1$）、HWT（$\mu=1$）。然而，$\Phi_U$ 不是唯一的选择，如磁共振成像中使用的多种二维欠采样模式[146, 147]。对于光谱数据，设计和寻找其他的一维采样方案是未来的研究课题。

3. 从字典学习的角度选择基

CS 信号重构的核心问题是求解线性系统 $Az=x_s$，其中 $A=\Phi\Psi$。因为 $\Phi$ 是 $kn\times n$ 矩阵，$\Psi$ 是 $n\times n$ 矩阵，所以 $A$ 是 $kn\times n$ 矩阵。在大多数 CS 情况下，$k<1$，所以 $A$ 是“过完备的”，也就是说，列比行多。$A$ 是行满秩的，即 $\mathrm{rank}(A)=nk$（$nk$ 为 $A$ 的行数）。如果我们将 $A$ 重写为 $A=[a_1a_2\cdots a_n]$，那么 $A$ 将是一个包含冗余项的字典（每个列向量都是一个字典项）。因此，我们可以在字典 $A$ 下找到一个稀疏表示 $z$。从这个意义上说，CS 基的选择等价于一个字典学习问题。研究现有的字典学习技术，为 $x_s$ 寻找其他冗余字典也是后续的研究方向之一。

4. 其他自适应变换

在 EBP 下，$z$ 中的每个分量都是初始信号 $n$ 个特征的线性组合。除了线性

EBP 变换外，还存在非线性变换。例如，最近在深度学习领域的工作，如自动编码器，也能够用于设计非线性变换。

## 3.4 数学符号和术语表

本章所用的数学符号和术语见表 3-7。

**表 3-7 符号和术语**

| 符号/术语 | 解释 |
| --- | --- |
| CS | 压缩感知 |
| 采样定理（Shannon-Nyquist 定理） | 为了防止混叠，最小采样比是所感兴趣的分量频率的两倍 |
| $n$ | 初始信号维数；源信号的长度 |
| $m$ | 样本/信号/观察的数量 |
| $k$ | CS 采样比，即从初始信号中被采样的百分比，取值范围为（0, 1）；$k$ 越低，采样效率越高，但信息损失越大 |
| $\Phi$ | 感知矩阵；一个 $n \times n$ 的方阵 |
| $\Psi$ | 变换基；一个 $n \times n$ 的方阵；$\Psi$ 为酉矩阵，即 $\Psi^{H} = \Psi^{-1}$ |
| $A$ | 测量矩阵，$A = \Phi\Psi$ |
| $x$ | 初始样本/观察信号 |
| $X$ | 训练集；一个 $m \times n$ 的矩阵 |
| $z$ | 隐空间中的信号表示，$z = \Psi^{H} x$ |
| $x_s$ | 采样信号，$x_s = \Phi x = \Phi\Psi z = Az$ |
| $n_s$ | 采样信号（$x_s$）的维数；$n_s = kn$；在 CS 中，$n_s$ 表示从初始信号 $x$ 中随机选取多少个点 |
| $x_r$ | 重构信号 |
| 矩阵的秩（rank） | 矩阵中线性无关的列向量或行向量的个数。对于测量矩阵 $A$，$\mathrm{rank}(A) = kn$ |
| 欠定线性系统 | 在 CS 中，$Az = x_s$ 定义了一个欠定线性系统（未知数比方程多），因为测量矩阵 $A$ 是一个行满秩矩阵，即 $kn < n$ |
| $I$ 或 IDM | 单位矩阵 |
| DCT | 离散余弦变换 |
| DFT | 离散傅里叶变换 |
| HWT | 哈达玛-沃尔什变换 |
| EBP | 特征向量投影 |
| SVD | 奇异值分解 |

续表

| 符号/术语 | 解释 |
| --- | --- |
| $U$ | SVD 的第一个正交矩阵（左旋转因子）；$U$ 中的列是左特征向量 |
| $S$ | SVD 的中间对角矩阵；$S$ 表示 $x$ 中的拉伸因子，对角元素为奇异值 |
| $s_i$ | $S$ 中的第 $i$ 个奇异值 |
| $V$ | SVD 的第二个正交矩阵（右旋转因子）；$V$ 中的列是正确的特征向量。在 PCA 的上下文中，$V$ 是载荷矩阵 |
| PCA | 主成分分析 |
| $K$ | 在 PCA 中，$K$ 是要保留的主成分的数量 |
| Cov | 协方差矩阵。去均值矩阵 $X$ 的 Cov 为 $\frac{X^{\mathrm{T}}X}{m}$（有偏估计量）或 $\frac{X^{\mathrm{T}}X}{m-1}$（无偏估计量） |
| $\Lambda$ | 提取矩阵。$\Lambda$ 来自 Cov 的 SVD。每个对角元素都是一个特征值。$\mathrm{Cov}=\frac{X^{\mathrm{T}}X}{m}=\frac{(VS^{\mathrm{T}}U^{\mathrm{T}})USV^{\mathrm{T}}}{m}=V\left(\frac{S^{\mathrm{T}}S}{m}\right)V^{\mathrm{T}}\triangleq V\Lambda V^{\mathrm{T}}$，因此 $\Lambda=\frac{S^{\mathrm{T}}S}{m}$ |
| $\lambda_i$ | $\Lambda$ 中的第 $i$ 个特征值。与 $s_i$ 的关系式为 $\lambda_i=\frac{s_i^2}{m}$ |
| MSE | 均方误差。$\mathrm{MSE}=\frac{(x-x_{\mathrm{r}})^2}{n}$，利用 MSE 测量 $x_{\mathrm{r}}$ 的重构误差 |
| RMSE | 相对均方误差。$\mathrm{RMSE}=\frac{(x-x_{\mathrm{r}})^2}{x^2}$ |
| SNR | 信噪比。信噪比 $=\frac{x^2}{(x-x_{\mathrm{r}})^2}=\frac{1}{\mathrm{RMSE}}$，它也可以用 dB 来测量，即 $10\log_{10}(\mathrm{SNR})$ |

# 第4章　食药质量安全领域本体建模研究

本章概要：针对不同模态检测数据的异构性及不同设备厂商缺少标准化数据格式的问题，提出了领域本体建模研究，设计能够涵盖各类食药图谱数据的本体模型，为食药质量安全大数据的统一存储和数据共享提供信息化基础。

## 4.1　本体建模的研究背景及研究综述

“信息孤岛”是当前食药质量安全管理面临的一个现实挑战。很多检测设备未实现有效的集成，数据呈现碎片化的分布状态。这极大地阻碍了数据的有效利用。这个问题主要归因于两个因素：①大多数设备的使用需依靠特定的供应商分析软件和专有的数据格式。虽然已有个别开放的数据格式，如ASTM（American Society for Testing and Materials，美国材料与试验协会）的ANDI（analytical data interchange，分析数据交换）[148]、JCAMP-DX（Joint Committee on Atomic and Molecular Physical Data and the Group Data Exchange，原子分子物理数据联合委员会制定的数据交换标准）[149]和mzML[150]，但整个行业缺少普遍认同和广泛接受的数据格式标准。②设备用户群体分散，如政府监管机构、食品和制药公司以及第三方实验室。这些设备通常被当作独立的工作站，并未集成到管理决策系统中。上述两种因素导致了“信息孤岛”现象。作为数据一致性表示、存储、处理和共享的基础，本体建模技术有望突破这种困局。

本体（ontology）起源于哲学，指组成现实（reality）的各类实体（entity）。在信息学领域，本体是对目标领域内客观实体的规范化表示。本体实现了计算机系统对于领域知识的一致性“理解”，为构建各种应用提供基础的语义支撑。本体的典型应用包括术语映射、异源数据集成、文本概念提取、基于本体的数据检索、定义数据存储结构和传输协议等。本体已成为各个领域信息化建设的基础资源。按照覆盖范围的大小，本体大致可以分为两类：①通用本体（general ontology），如OpenCyc[151]、SUMO[152]。这类本体并不针对某一特定领域，其根概念（root concept）通常为事物（thing）或对象（object）。②领域本体（domain ontology），如分子生物学本体GO（Gene Ontology）[153]，化学本体ChEBI[154]、PubChem[155]，农业本体AGROVOC[156]，微生物本体MicrO[157]，药物本体NDF-RT[158]和RxNorm[159]等。

食药质量安全领域的本体建模工作包括：①供应链流程本体建模。Magliulo

等[160]定义了奶制品本体，并将其应用到奶酪制品的供应链追溯中。该本体对奶酪制品各个环节（采购、生产、运输、销售等）涉及的事件、行为、主体和相关属性进行了建模。2014 年，Pizzuti 等[161]构建了食品跟踪和追溯本体（food track & trace ontology，FTTO）。FTTO 包含了食品、服务、流程和行为主体四类概念，以实现对供应链的追溯。2017 年的肉类供应链本体（meat supply chain ontology，MESCO）[162]涵盖了肉类全供应链，为相关系统之间的信息互操作和异构数据库集成提供了基础。②化学计量数据的标准化研究。此类工作通过构建本体和受控词汇集（controlled vocabulary，CV），设计标准的数据存储格式。如 2009 年发布的 ANDI（即 ASTM E1947-98 标准，是早期的质谱数据存储标准）、JCAMP-DX（最初用于红外光谱，后来扩展到核磁共振波谱和质谱），以及近年发展起来的 mzData、mzXML 和后来的 mzML[150, 163]及 mz5[164]（使用 HDF5 优化数据存储）等。③多层次本体建模研究。此类工作使用双层建模等方法来解决领域数据的集成问题，相关应用多集中在数据异构性高、知识体系繁杂的医学信息学领域。例如，张寅升等[165]基于该方法实现了对诊断、治疗、药学等多种医学知识的集成，并构建了融合知识库。双层建模方法并不试图构建一个大而全的完备本体，而是通过构造上层元模型实现对各模态数据子模型的融合。这种方法不但降低了建模的专家人力成本，而且保证了表达模型的启发充分性（heuristical adequacy，即对于推理/处理的便利性）[166]，最大限度地适应了各数据类型的内在结构特点和推理方式。

以上相关工作一部分聚焦于食药质量安全管理中的流程建模（如供应链中的事件和行为，以实现可追溯性），缺少对化学计量等窗口期技术数据的集成；另外一部分研究则专注于质谱等特定类型计量数据的标准化研究，未覆盖食药质量安全领域的各类窗口期数据；还有一类研究采用了多层次建模方法解决数据和知识集成的问题，但集中在医学信息学领域。

针对以上问题，本章介绍了面向食药质量安全领域的领域本体建模研究。首先，建立了一个领域本体来表征各类图谱数据和其上下文信息。其次，在领域本体的基础上，开发了图谱检测数据归档与通信系统（spectroscopic profiling data archiving and communication system，SPACS），并成功应用到实践中。

## 4.2 食药图谱数据的领域本体模型

图谱数据的标准化研究包括前面提到的 ASTM 的 ANDI[148]（源自 NetCDF 规范）、JCAMP-DX[149]（最初用于红外光谱）、mzML[150]（用于质谱类数据，是 LC-MS 和 GC-MS 使用最广泛的标准）。此外，一些开源的软件工具也已支持这些标准格式。例如，ProteoWizard msConvert 项目[167]可以将各种私有数据格式转换为 mzML。

PRIDE 工具套件[168]支持读取 mzML 数据并进行可视化分析。

从目前的相关工作看，已有的工作仅支持特定的某类图谱设备，而且缺少对食药质量安全的管理目标等上下文相关的元数据和领域数据分析需求（如与后续分析算法的适配）的支持。基于实际的应用需求，我们组建了一支多学科的专家小组来共同设计领域本体。专家小组包括两名分析化学专家（了解快速图谱设备的日常操作和数据特性）、一名来自食药安全管理部门的行政人员、一名食药行业的职业经理人、两名高级软件工程师。

本体设计过程包括三个步骤：①研究主流图谱设备的类型和主要设备供应商的数据结构，对常见概念和术语进行识别和统一，形成领域本体的初始版本；②与现有的公共本体资源（如 mzML）进行映射和集成，通过抽取公共本体及术语集的子集来扩充领域本体；③专家小组对最终的本体模型进行细化和评审，以满足各类管理和技术需求。

最终形成的领域本体包含了以下核心实体（图 4-1）。各实体包含的属性见表 4-1。

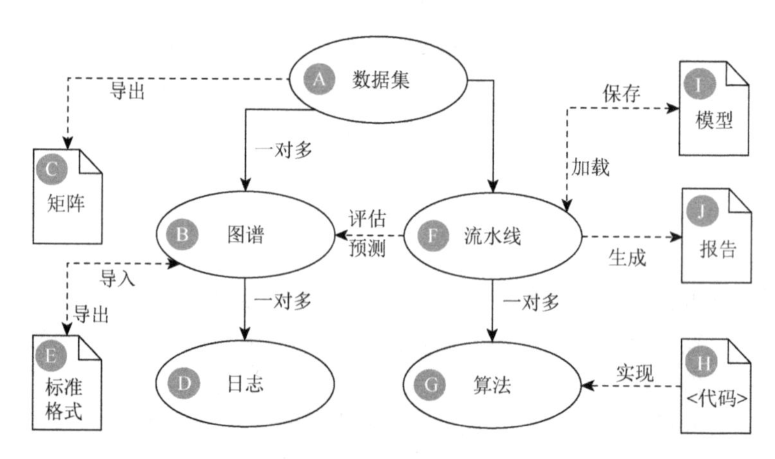


图 4-1 领域本体的核心实体

实线箭头表示底层数据库中具体的外键引用，虚线表示外部引用，如 URL（uniform resource locator，统一资源定位符）或资源路径；椭圆表示实体；文档图标表示外部或中间文件对象

**表 4-1 领域本体模型包含的实体及其属性字段**

| 代码 | 概念 | 类型 | 描述 |
| --- | --- | --- | --- |
| E0065 | 数据集 | 实体 | 为相同的目的而生成的谱数据集合。具有相同的检测模态（拉曼或 MALDI-TOF MS），采用相同的数据预处理方法（过滤、平均、识别、基线漂移去除等），具有相同的数据维度 |
| E0065.A0001 | 数据集 ID | 属性 | 唯一的 ID，主键 |

续表

| 代码 | 概念 | 类型 | 描述 |
|---|---|---|---|
| E0065.A0002 | 数据集名称 | 属性 | 数据集的名称 |
| E0065.A0003 | 数据集检索代码 | 属性 | 拼音首字母缩写，用于快速检索 |
| E0065.A0004 | 检测对象 | 属性 | 如婴儿奶粉、年份白酒、道地中药材等，建议使用公共术语对对象进行编码，如 FoodOn |
| E0065.A0005 | 检测主题 | 属性 | 如品牌鉴别、产地鉴别、有害物质检测等 |
| E0065.A0006 | SOP | 属性 | 产生该检测数据集的标准操作规程，包括采用的样品预处理步骤、仪器参数等 |
| E0065.A0007 | 检测模态 | 属性 | |
| E0065.A0007.V0001 | 拉曼光谱 | 值 | 拉曼光谱 |
| E0065.A0007.V0002 | MS | 值 | 质谱 |
| E0065.A0007.V0003 | MALDI-TOF MS | 值 | 基质辅助激光解吸电离飞行时间质谱 |
| E0065.A0007.V0004 | SELDI-TOF MS | 值 | 表面增强激光解吸电离飞行时间质谱 |
| E0065.A0007.V0005 | IMS | 值 | 离子迁移谱 |
| E0065.A0007.V0006 | NIRS | 值 | 近红外光谱 |
| E0065.A0007.V0007 | FIRS | 值 | 远红外光谱 |
| E0065.A0007.V0008 | SPI-MS | 值 | 单光子电离质谱 |
| E0065.A0008 | 设备 | 属性 | 使用的仪器和客户端软件版本 |
| E0065.A0009 | 原始文件路径 | 属性 | 设备端导出的原始数据文件路径 |
| E0065.A0010 | 图谱数据 | 属性 | 该数据集所有图谱数据的二进制存储 |
| E0065.A0012 | *X*标签 | 属性 | 数据集的*X*标签 |
| E0065.A0013 | *Y*标签说明 | 属性 | 数据集的*Y*标签映射表，如 1-合格，0-不合格 |
| E0065.A0014 | *Y*标签样本分布 | 属性 | 每个*Y*标签的样本数量分布，使用 json 格式 |
| E0065.A0015 | 时间戳 | 属性 | 时间戳 |
| E0066 | 图谱 | 实体 | 表示一个图谱数据，通常是预处理后的 |
| E0066.A0001 | 图谱 ID | 属性 | 统一属性 ID，主键 |
| E0066.A0002 | 导出文件的缓存路径 | 属性 | 矩阵、表格文件或 mzML、JCAMP-DX 等格式。服务端缓存的（如果已经存在，则不会重新创建）文件路径，可以供外部科学数据分析平台导入，如 Matlab、R 或 Python |
| E0066.A0003 | 摘要 | 属性 | 数据的数字指纹或摘要 |
| E0066.A0004 | *Y*标签 | 属性 | 此数据的类别或*Y*标签，用于有监督学习 |
| E0066.A0005 | 序列 | 属性 | 图谱数据的压缩字节数组 |
| E0066.A0006 | 检测模态 | 属性 | 测试/检测方式 |
| E0066.A0066.V0001 | *X*轴含义 | 值 | *X*轴的物理化学意义 |
| E0066.A0007 | *X*轴单位 | 属性 | *X*轴单位，如拉曼光谱中为 $cm^{-1}$ |

续表

| 代码 | 概念 | 类型 | 描述 |
| --- | --- | --- | --- |
| E0066.A0008 | 日志记录 | 属性 | 日志集合的导航属性，用于跟踪数据的历史状态变化 |
| E0066.A0009 | 元数据 | 属性 | 该数据相关的其他元数据；可以序列化为 JSON 或 XML 对象 |
| E0066.A0010 | 时间戳 | 属性 | 时间戳 |
| E0071 | 算法 | 实体 | 算法单元或模块 |
| E0071.A0001 | 算法 ID | 属性 | 唯一的 ID，主键 |
| E0071.A0002 | 算法来源 | 属性 | 该算法来自公共实现还是自定义实现 |
| E0071.A0003 | 算法名称 | 属性 | 算法的名称 |
| E0071.A0004 | 算法检索代码 | 属性 | 首字母缩写，用于快速搜索 |
| E0071.A0005. | 算法类别 | 属性 | 算法的类别，取值为下面 E0071.A0005.V0001～V0007 枚举值之一 |
| E0071.A0005.V0001 | 预处理 | 值 | |
| E0071.A0005.V0002 | 降维 | 值 | |
| E0071.A0005.V0003 | 特征选择 | 值 | |
| E0071.A0005.V0004 | 回归 | 值 | |
| E0071.A0005.V0005 | 分类 | 值 | |
| E0071.A0005.V0006 | 聚类 | 值 | |
| E0071.A0005.V0007 | 可视化 | 值 | |
| E0071.A0006 | 算法标签 | 属性 | 该算法附加的自定义标签 |
| E0071.A0007 | 算法参考文献 | 属性 | 说明算法内部设计原理和实现细节等 |
| E0071.A0008 | 算法的 URL | 属性 | 知识库链接 |
| E0071.A0009 | 算法描述 | 属性 | 对该算法的简要描述 |
| E0071.A0010 | 算法元数据 | 属性 | 关于该算法的元数据；序列化的 json 或 xml 对象 |
| E0071.A0011 | 算法的实现 | 属性 | 用于算法实现的编程语言或脚本，取值为下面 E0071.A0011.V0001～V0009 枚举值之一 |
| E0071.A0011.V0001 | Python | 值 | |
| E0071.A0011.V0002 | C/C++ | 值 | |
| E0071.A0011.V0003 | C# | 值 | |
| E0071.A0011.V0004 | JavaScript | 值 | |
| E0071.A0011.V0005 | R | 值 | |
| E0071.A0011.V0006 | Java | 值 | |
| E0071.A0011.V0007 | Matlab | 值 | |
| E0071.A0011.V0008 | Octave | 值 | |
| E0071.A0011.V0009 | G | 值 | |

续表

| 代码 | 概念 | 类型 | 描述 |
|---|---|---|---|
| E0071.A0012 | 算法代码 | 属性 | 该算法的代码片段或伪代码 |
| E0071.A0013 | 算法时间戳 | 属性 | 最新修订的时间戳 |
| E0070 | 流水线 | 实体 | 流水线是一组算法模块组成的数据分析流程，如“特征提取 + 分类 + 可视化” |
| E0070.A0001 | 流水线 ID | 属性 | 唯一的 ID，主键 |
| E0070.A0002 | 流水线名称 | 属性 | 流水线的名称 |
| E0070.A0003 | 流水线检索代码 | 属性 | 首字母缩写，用于快速搜索 |
| E0070.A0004 | 描述 | 属性 | 流水线的文献或文档 |
| E0070.A0005 | 流水线 URL | 属性 | 该算法流水线的知识库 URL |
| E0070.A0006 | 流水线说明 | 属性 | 对流水线的描述 |
| E0070.A0007 | 流水线元数据 | 属性 | 流水线元数据；可以序列化的 json 对象 |
| E0070.A0008 | 流水线模板 | 属性 | 可以用实际数据快速实例化的流水线模板 |
| E0070.A0009 | 流水线时间戳 | 属性 | 最新修订的时间戳 |
| E0068 | 日志记录 | 实体 | 跟踪图谱数据状态变化 |
| E0068.A0001 | 日志 ID | 属性 | 唯一的 ID，主键 |
| E0068.A0002 | 操作员 | 属性 | 导致数据状态变更的操作者，如审核人 |
| E0068.A0003 | 操作 | 属性 | 操作类型，取值为下面 E0068.A0003.V0001 |
| E0068.A0003.V0001 | 生成/获取 | 值 | ～V0005 的枚举值之一 |
| E0068.A0003.V0002 | 预处理 | 值 | |
| E0068.A0003.V0003 | 审核 | 值 | |
| E0068.A0003.V0004 | 分析 | 值 | |
| E0068.A0003.V0005 | 报告 | 值 | |
| E0068.A0005 | 操作场所 | 属性 | 执行该操作的机构或实验室 |
| E0068.A0006 | 附加信息 | 属性 | 附加消息或补充说明 |
| E0068.A0007 | 图谱 ID 外键 | 属性 | 指向相关图谱对象的外键 |
| E0068.A0008 | 日志的时间戳 | 属性 | 日志条目的创建时间戳 |

A. “数据集”是多个“图谱”实例的集合。一个数据集的图谱是面向同一检测主题的（如牛奶品牌识别和药材产地鉴别），通过相同的检测模态（拉曼光谱或 MALDI-TOF MS），使用相同的数据预处理方法（如过滤、平均、基线漂移去除），并具有相同的数据维数（如峰值数）。

B. “图谱”表示一个图谱数据。该数据已经过必要的数据预处理，可以直接用于后续的数据分析。一个图谱对象包含一个 $X$ 值数组（如用于拉曼光谱的波数，或用于 MALDI-TOF MS 的 *m/z*）和一个可选的 *Y* 标签（在有监督数据分析的情况下）。图谱是领域本体的核心实体。

C.“数据集”可以导出为矩阵或表格形式，供主要的科学数据分析平台导入，如 Matlab、R 或 Python。在实际的系统操作中，这种中间数据格式更易于驱动整个数据分析过程。

D. 每个“图谱”实例有多个“日志”项，用于追踪数据状态的变化。日志定义了图谱数据生命周期的几个阶段，包括生成、预处理、审查、分析和报告。

E. 每个“图谱”实例可以序列化为第三方标准文件格式，如 mzML 或 JCAMP-DX。对于第三方仪器系统，如 Agilent、Bruker、Horiba、Shimadzu、Thermo、Waters 等，这些标准文件格式可以用于交换和共享图谱数据。

F.“流水线”是一组算法单元组织起来的流程序列。一个典型的图谱数据流水线通常包含若干预处理单元（如过滤、归一化、降维）及一个回归器或分类器。

G. 每个“算法”实例代表流水线使用的特定算法单元。算法分为基线漂移去除、平均滤波、特征缩放、特征选择、分类器、回归器等。本体模型内置了常见的算法单元，见表 4-2。

**表 4-2　领域本体内置算法单元**

<table>
<tr><th>算法</th><th>类别</th><th>默认实现</th></tr>
<tr><td>标准化缩放（standard scaler）</td><td rowspan="3">预处理（preprocessing）</td><td>sklearn.preprocessing.StandardScaler</td></tr>
<tr><td>最大最小值缩放（min-max scaler）</td><td>sklearn.preprocessing.MinMaxScaler</td></tr>
<tr><td>缺失值填充（imputer）</td><td>sklearn.preprocessing.Imputer</td></tr>
<tr><td>LASSO（least absolute shrinkage and selection operator，最小绝对收缩和选择操作符）</td><td rowspan="2">特征选择（feature selection）</td><td>sklearn.linear_model.Lasso</td></tr>
<tr><td>弹性网络（elastic net）</td><td>sklearn.linear_model.ElesticNet</td></tr>
<tr><td>线性回归（linear regression）</td><td rowspan="2">回归（regression）</td><td>sklearn.linear_model.LinearRegression</td></tr>
<tr><td>岭回归（ridge regression）</td><td>sklearn.linear_model.Ridge</td></tr>
<tr><td>ANOVA（analysis of variance，方差分析）</td><td rowspan="2">均值检验（mean test）</td><td>scipy.stats.f_oneway</td></tr>
<tr><td>MANOVA（multivariate ANOVA，多元方差分析）</td><td>statsmodels.multivariate.manova</td></tr>
<tr><td>逻辑回归（logistic regression）</td><td rowspan="4">分类（classification）</td><td>sklearn.linear_model.LogisticRegression</td></tr>
<tr><td>支持向量分类器（support vector classifier）</td><td>sklearn.svm.SVC</td></tr>
<tr><td>k 最近邻分类器（k-nearest neighbor classifier）</td><td>sklearn.neighbors.KNeighborsClassifier</td></tr>
<tr><td>线性判别分析（linear discriminant analysis）</td><td>sklearn.discriminant_analysis.LinearDiscriminantAnalysis</td></tr>
</table>

续表

| 算法 | 类别 | 默认实现 |
|---|---|---|
| 自编码器（auto-encoder） | 降维（dimensionality reduction） | keras |
| VAE | | keras |
| PCA | | sklearn.decomposition.PCA |
| NMF（non-negative matrix factorization，非负矩阵分解） | | sklearn.decomposition.NMF |
| MDS（multidimensional scaling，多维缩放） | | sklearn.manifold.MDS |
| *t*-SNE（*t*-distributed stochastic neighbor embedding，*t* 分布随机邻域嵌入） | | sklearn.manifold.TSNE |
| 箱图（boxplot） | 可视化（visualization） | matplotlib.pyplot.boxplot |
| 频率直方图（frequency histogram） | | matplotlib.pyplot.hist |

H. 不同的算法单元针对不同的数据科学平台和编程语言可以有多种实现。算法工程师既可以直接调用使用现有的库，又可以上传编译后的二进制代码来实现。

I. 每个“流水线”都针对特定的数据集和分析目的。流水线在运行时（runtime）环境中被实例化为复合模型（如特征选择＋逻辑回归、支持向量机或神经网络），并由目标数据集训练。训练后的模型可以持久化到文件中（如 Matlab 的.mat 文件或 Python 的.pkl 文件）。此后，模型文件反序列化后可以加载回运行时的环境中。

J. 流水线模型对新样本进行预测分析。同时生成人可读的报告和计算机可处理的结构化报告形式，服务于进一步的决策支持。

领域本体的设计采用了多层次的方案，即本体中的每个概念或属性都可以进一步被其他术语修饰及约束。例如，检测对象（E0065.A0004）可以由 FoodOn[169, 170] 修饰；质谱型检测模态（E0065.A0007）可以由 PSI-MS（proteomics standards initiative-mass spectroscopy，蛋白质组学标准计划-质谱）术语集[163, 171]约束。通过这种方式，本体充当了一个主干（backbone），可以进一步挂载外部术语，以实现扩展性和灵活性。目前，领域本体参考了以下术语资源：FoodOn[169, 172]（食物本体，20 910 项）、ENVO[173]（环境本体，562 项）、PO[174]（植物本体，1734 项）、ChEBI（55 080 项）、KEGG[175, 176]（4325 项），以及 PSI-MS[163, 171]（2935 项术语）。这些术语的扩展为领域本体中的概念提供了更细致的语义粒度，有助于在实际应用中更好地实现结构化数据入口（structured data entry，SDE）和语义相互操作。

## 4.3 基于标准化领域本体的食药图谱大数据管理系统

为了解决“信息孤岛”问题并满足实际应用需求，基于上述领域本体模型，设计开发了食药图谱大数据管理系统。领域本体用于定义底层数据库模式和数据交换接口。该系统的业务流程如图 4-2 所示。

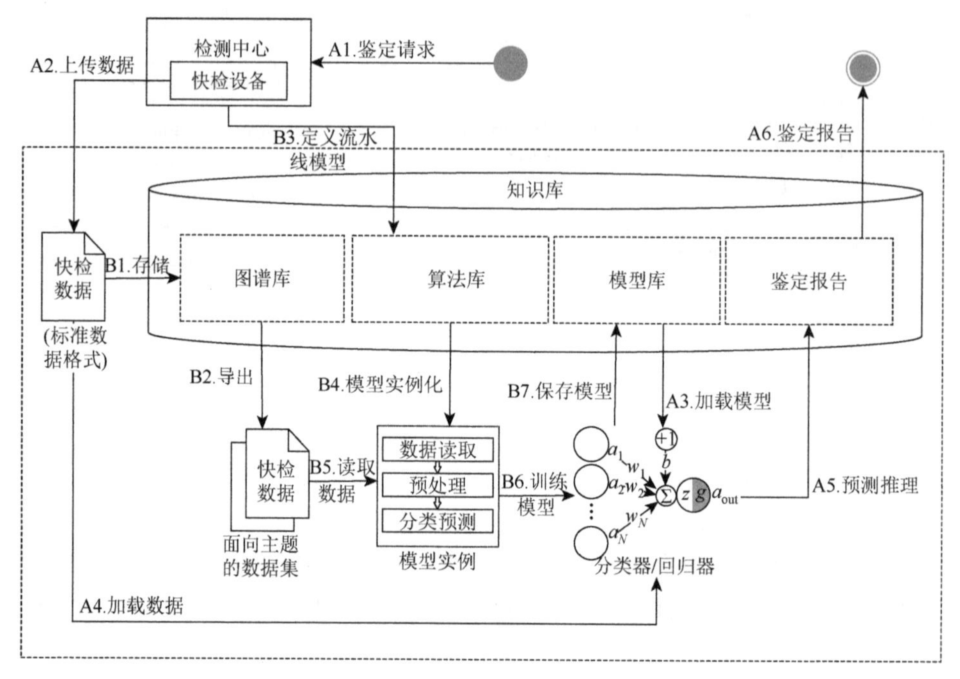


图 4-2　食药质量图谱大数据管理系统的业务流程

该业务流程包含了两个由图谱数据驱动的工作流分支。一个是模型推理过程，另一个是模型训练过程。数据驱动的模型推理流程包括以下步骤：A1.客户向检测中心或实验室发送鉴定请求。A2.对目标样品进行图谱检测。生成的图谱数据以公共数据格式（如 mzML 或 JCAMP-DX）上传到信息系统。A3.将相应的训练模型从中央数据存储库加载到运行时环境中。A4.将图谱数据作为模型输入。A5.经过模型推理后生成分析报告。A6.报告发送回客户。此外，行政部门可定期或按需要求提供分析报告，以此来作为产品质量的指标。模型训练过程包括以下步骤：B1.每个图谱数据被转换为符合领域本体的内部格式，然后存储到中央数据存储库。B2.图谱数据首先按样本类型（如婴儿配方奶粉或草药）、目的（如分类奶粉品牌或识别道地药材的产地）、模式（拉曼光谱或 MALDI-TOF MS）和最优的相同预处理程序（如过滤、平均、峰识别、基线漂移去除等）进行分类。然后，数据集被导出为矩阵或表格数据格式（如 csv、npy、mat），这是大多数主流数据科学平台认可的格式。B3.算法工程师维护算法组件，并为目标数据集设计图谱数据分析流水线模型。B4.流水线模型的实例化，如转换为 sklearn 库的 pipeline 对象。B5.数据集被加载到运行时环境中。B6.算法工程师执行训练过程。理想情况下，实例化的流水线是交互式的，以便用户可以现场优化模型训练代码。B7.最终的模型保存在模型库中，可以为未来的模型推理过程服务。

### 4.3.1 系统架构设计与功能介绍

系统架构如图 4-3 所示。它包括表现层、服务层、计算层和数据层。表现层为用户提供图形用户界面（graphical user interface，GUI），用于管理设备硬件、数据和知识资产（如模型）。服务层定义了一组 Web 服务接口，支持与外部系统（如制造商和政府系统）进行数据交换和流程集成。计算层是服务器端数据科学运行时的容器，负责模型训练和推理。数据层提供底层的数据库和文件操作。

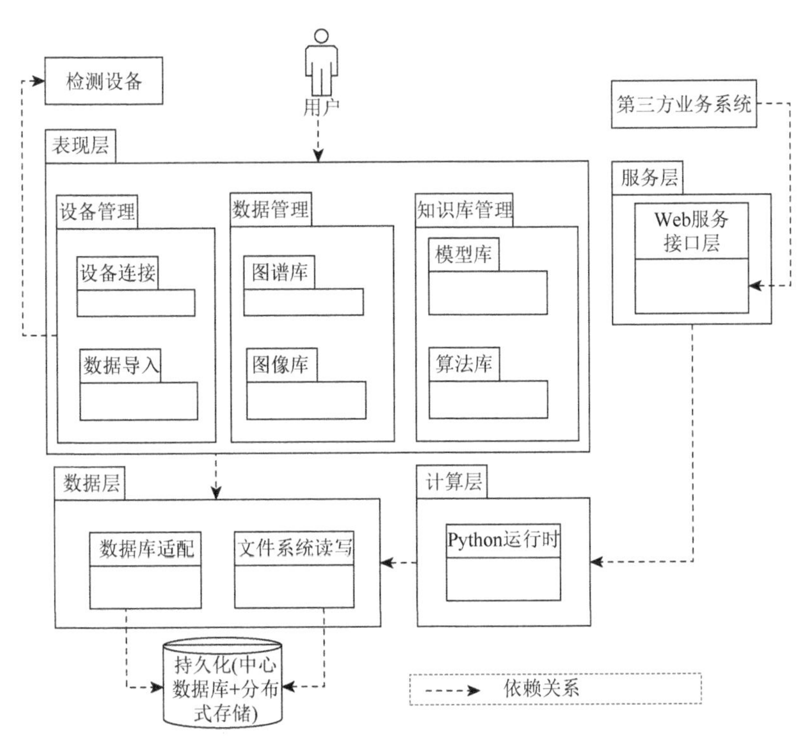


图 4-3 系统架构的 UML 图

UML 指统一建模语言（unified modeling language）

在下面的内容中，我们将展示该系统的三个主要 GUI。①设备管理模块，包含一套用于连接、配置和控制外部仪器的网页，用户可以从仪器中导入图谱数据并上传到中央数据存储库。图 4-4 显示了用于管理 MALDI-TOF MS 仪器的 GUI。②数据管理模块，用于管理涉及食药质量安全管理的图谱数据（图 4-5）。还有一个 GUI（图 4-6）供用户标记计算机视觉数据和显微图像，图像数据与图谱数据的结合有助于实现多模态分析。③数据集管理和算法配置模块（图 4-7），它可以编辑数据集的描述性信息，也可以为该数据集配置和调用流水线模型，以数据科学平台为后台，支持算法的现场训练和测试。

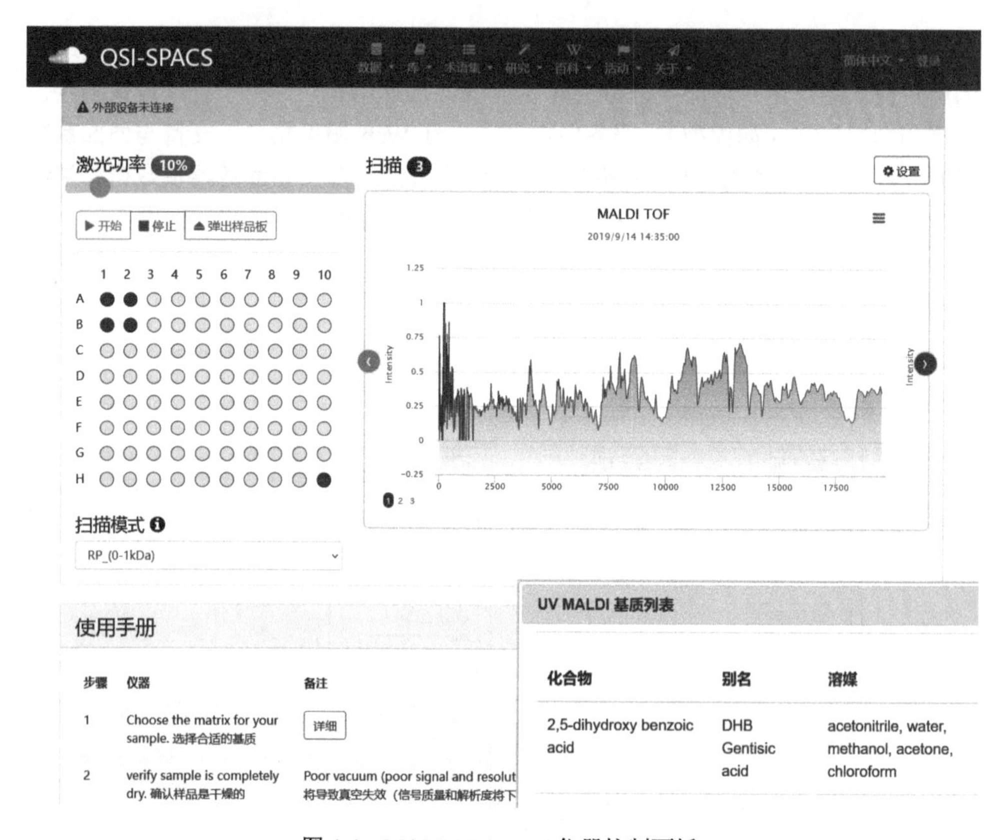


图 4-4　MALDI-TOF MS 仪器控制面板

左边的面板控制激光功率、扫描程序、扫描目标点和扫描方案；右侧显示了从当前扫描中获得的图谱数据，操作人员可以对这些数据进行管理并上传

## 4.3.2　系统评估

系统自 2017 年开始开发，目前在浙江（富阳）食药质量安全工程研究院使用。到目前为止，其中央数据存储库已经积累了超过 200GB 的图谱数据。用户的普遍接受度已经验证了领域本体建模和相应系统的有效性。

该系统的独特优势是数据到知识的闭环范式。传统的系统通常被认为是“数据丰富，但知识贫乏”。该系统允许领域专家设计具有各种算法组件的流水线模型，

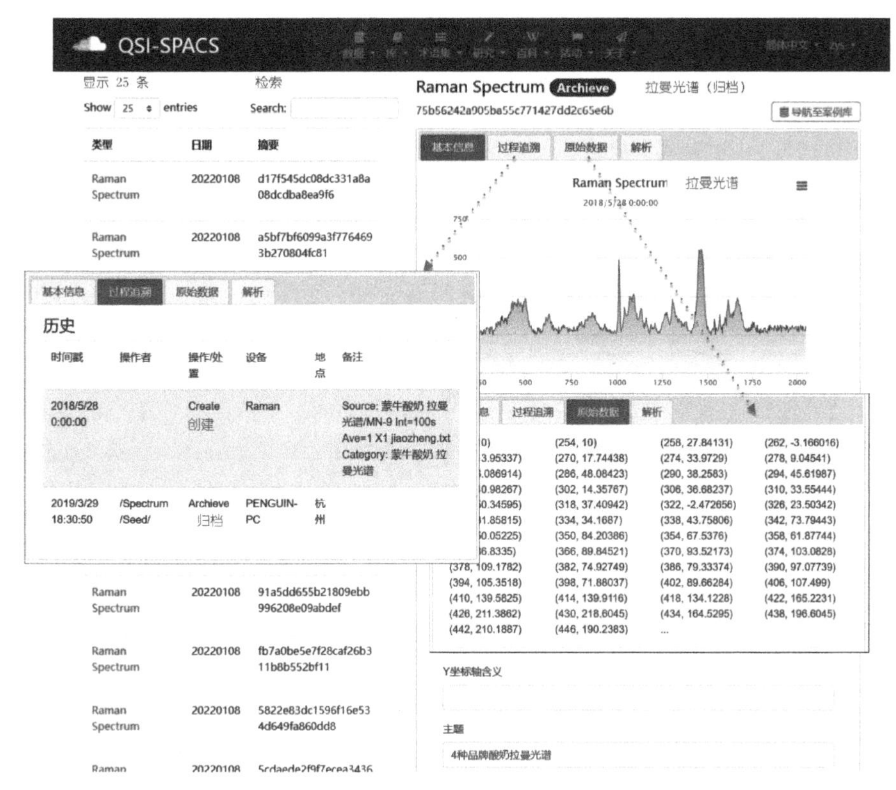


图 4-5　图谱数据管理页面

左侧为拉曼光谱、飞行时间质谱等仪器采集的图谱数据列表。当点击列表中的一个数据项时，右侧面板将显示详细信息，包括基本信息、过程追溯、原始数据和解析

图 4-6　图像标注界面

左侧是通过照相机、显微镜、X 射线数字成像仪收集的食物/草药图像列表。中间的面板是图像标注窗口，用户可以在其中为感兴趣的区域（region of interest，ROI）指定矩形或多边形标注。每个 ROI 都可以用预定义的语义术语进行标记。这些注释为将来的对象检测任务提供服务。右侧的面板用于标记整个图像。用户可以从语义树中选择多个节点，这些节点是自定义的，是现有术语的子集

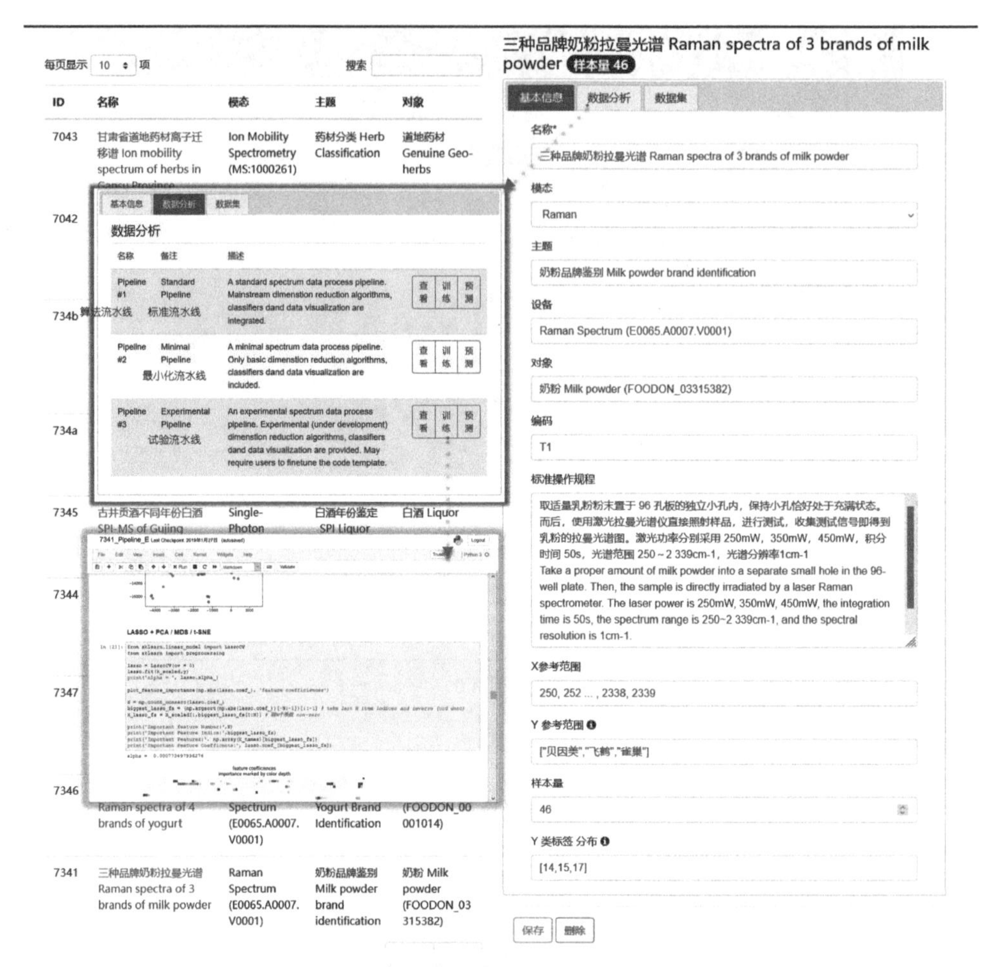


图 4-7　数据集管理页面

左侧的面板是数据集的列表，右侧的面板显示了数据集的详细信息。“数据分析”选项卡列出了与数据集相关的流水线模板。当点击“训练”或“预测”时，系统将启动 Python 运行时，以 ipynb 格式打开训练/预测模板

以适应不同的任务。从增量学习的角度来看，这些模型会随着不断增长的领域数据进行不断训练和更新，从而形成一个数据到知识转换的闭环。同时，该设计为企业提供了知识资产的自动持续质量改进（continuous quality improvement，CQI）。

根据用户反馈和同行评审，后期需要持续开展以下研究。

### 1. 半自动化本体设计

当前版本的领域本体是由一组多学科专家手工设计和维护的。然而，随着项目的进行和用户需求的增长，我们发现这样的工作变得越来越复杂和耗时。从长远来看，我们将采用基于自然语言处理和形式概念分析（formal concept analysis，

FCA）等技术的成熟方法来进行改进。为此，我们将收集与该领域相关的文本数据，建立一个有组织的语料库，来实现本体的半自动生成。

2. 术语协调

根据领域本体的设计原则，概念可以与外部术语关联。然而，不同的术语的语义可能会相互重叠。例如，在 PSI-MS（MS：1000268）和 SPACS（E0065.A0007.V0002）中都有“质谱”的概念，甚至一些术语可能定义同一概念，但它们的粒度不同或语义层次结构不相同。因此，如何协调不同术语集之间存在的不一致是信息学领域面临的永恒问题。根据研究，一种直接的方案是构建一个元词典（meta-thesaurus），将来自不同术语集的术语映射和链接到同一个概念。生物医学领域的统一医学语言系统（unified medical language system，UMLS）元词典[177]和物联网领域的 oneM2M[178]基础本体都是著名的例子。在其他领域，也存在构建全局本体的类似思想[179]。通过将不同的术语映射到共享的元词典或全局本体即可实现语义的相互操作性。

3. 扩展其他数据模态

在食药质量安全管理中，图像和文本是两种常用的非结构化数据。当前版本的 SPACS 虽然以图谱数据为核心，但也开始考虑支持图像数据（图 4-6），如照相机、显微镜、X 射线数字成像仪和其他光学仪器捕获的数据。在未来，SPACS 将进一步将文本数据纳入系统，如消费者评价或食药安全报告等叙述性文本。多模态数据的融合分析有望获得更全面的决策支持。

4. 社区共同促进标准化

在 SPACS 的开发过程中，数据集成和第三方系统的互操作性是最耗时的任务。各种私有数据格式和非标工作流破坏了数据在不同系统之间的共享和流通。如果没有整个社区的共同努力，将难以实现大数据资源共享的愿景。为此，我们倡议建立一个基于社区的权威组织，以推动所有供应商共同遵循一致的公共标准。另外，可以定期组织全球范围内的“Connectathon”（互联马拉松）竞赛，所有供应商都可以验证其产品的集成能力和互操作性。

5. 数据管理和质量保证

数据质量对 SPACS 的成功至关重要，这是因为它不仅直接影响训练模型的分类准确性和识别能力，还决定了所提供的决策支持服务的质量。到目前为止，我们已经收集了 200GB 的图谱数据。然而，如何科学地定义和衡量整体数据质量是一项复杂的任务。在这里，我们将数据质量定义为三个层次：物理化学层次、操作层次和任务或应用层次。①物理化学层次的质量。包括图谱数据的灵敏度和分辨率。它主要由分析仪器的技术指标来确定。②操作层次的质量。与生成数据的操作规程有关，如样品如何制备（如是否使用溶剂，以及如何分离不需要的成分等），也和测试参数（如激光功率）相关。③任务或应用层次的质量。与特定任务中数据集的辨别能力密切相关。为了衡量鉴别能力，我们可以训练分类器模型并测试其分类准确率，或者通过一定的统计检验，判断数据集在不同类之间是否具有显著差异。

# 第5章　机器学习与图谱检测相结合的食药质量安全管理决策

本章概要：传统的检测技术多以组分分离和物质识别为基础。与此同时，机器学习等技术也为拉曼光谱、红外光谱等整体谱提供了有别于传统分离识别的分析手段。这种机器学习与图谱检测技术的结合催生了大数据驱动的食药分析和管理决策新范式。本章将对机器学习的整体概况进行梳理，并介绍若干代表性的应用案例，特别是对深度学习、多谱融合等新兴的机器学习方法进行介绍。

## 5.1　机器学习与图谱检测相结合的管理决策新范式

机器学习是一种无须显式编程（explicit programming），而是直接从数据资源中习得知识和模式的技术体系。在当今大数据时代下，海量数据的积累为机器学习技术提供了数据资源支撑，而机器学习技术也反过来推动了大数据的价值变现。对于食药质量安全管理领域，大数据分析可以从海量多源异构数据中发现知识并经过关联与推理，为食药质量安全公共管理提供高效的决策支持服务。机器学习与图谱检测技术的结合是一种必然趋势，并催生出大数据驱动的食药分析和管理决策新范式。

传统的数据分析与挖掘方法大多是在随机抽样情况下通过小样本历史性同构数据的计算分析出因果关系，具有一定的局限性。为了弥补传统数据分析方法在食药质量安全大数据研究方面的不足，近些年的相关研究把特征提取及优化、多模态融合、稀疏表示等关键技术引入其中，以系统解析食药质量安全公共管理大数据系统中的动态复杂交互性。以下将对相关工作进行概述。

在食药质量安全大数据分析中，数据的特征提取与优化是实现科学决策的前提。Yang 等[180]应用稀疏压缩与 PCA 结合的方法获取顺序信息进行特征提取，在蛋白质序列检测数据集上，基于刀切法检验（即去一法）获得了 86.5%的总体分类预测精度。Gupta 和 Jacobson[181]提出了结合小波变换的 PCA 方法，该方法首先将图像变换到小波域，再采用 PCA 方法来提取特征。Wu 和 Zhou[182]提出采用增强特征空间的 PCA 方法，被称为(PC)2A 算法，该方法获取图像的水平投影和垂直投影，得到的投影被用于构成一幅新的图像，这一新的投影图像被叠加到原有人脸图像，从而完成对原有图像信息的增强。Belkin 等[183]提出了一种拉普拉斯特征谱方法，这是一种新的非线性特征提取方法。

虽然特征提取与优化技术在食药质量安全大数据分析中发挥了基础性作用，但在面向原始数据相似度大等情形时表现欠佳。例如，高仿食药的高相似性图谱（如各类光谱、质谱检测数据）的识别问题，以及在高通量（大样本）的情形下，如何能够在分类误差尽可能小的前提下，提高分类的算法速度，是一些亟待解决的问题。

食药图谱数据的高维特点也带来了分析挑战。研究表明，高维数据由于存在大量噪声，导致分类误差增大[184, 185]。例如，Fisher 判别分析需要估计每一类的均值向量和协方差矩阵，尽管单独来看每一个参数都可以被准确估计，但是将所有的估计误差叠加后总和可能很大，从而增加了分类误判率。这主要归因于高维情形下，对整体协方差矩阵以及均值向量进行估计的过程使得累积误差增大，从而增加分类误差，这种情况下需要先对高维数据进行降维。高维空间的特征降维主要涉及的问题就是数据维数约简（dimensionality reduction）。常用的维数约简方法是投影法，如 PCA[186-188]、偏最小二乘[189-191]、切片逆回归（sliced inverse regression，SIR）[192-194]等。线性投影的方法在高维情形下表现较差，除非投影向量具有稀疏性。例如，Tenenbaum 等[195]在 *Science* 上发表的文章表明，一幅二维人脸图像，虽然具有 4096 维的特征，实际却是位于一个三维流形上。那么，寻找高维数据的这种稀疏性的恰当表示是对这类数据维数约简的关键问题。已有的方法中，比较经典的算法基本上可以统一到流形学习的框架下，即假设高维数据位于一个低维流形上，维数约简就是寻找保持高维数据之间几何结构的低维表示。传统非线性流形学习方法包括：保局投影（locality preserving projection，LPP）、局部判别嵌入（locally discriminant embedding，LDE）方法。学者分别给出了低维嵌入映射的具体形式，可以对新加入数据进行降维[196-201]，但是这两种方法在高维数据数目较少的情况下效果不好。而且这些基于流形的学习算法为了保持数据之间的几何结构信息，忽略了数据本身的属性特征，这使得所得低维数据缺乏明确的现实意义。因此 Guyon 和 Elisseeff[202]从统计学的视角，提出对高维数据进行有效特征变量的富集以期达到维数约简的目的，即只选择那些具有解释意义的稳定特征变量，构成新的低维数据。

在多模态融合方面，越来越多的研究将多种检测手段结合起来用于食品质量安全研究。Subramanian 等[203]提出一些高效的多谱融合识别算法。Cozzolino 等[204]将近红外和中红外的数据融合，结合 PCA、类比的软独立建模方法对澳大利亚的白苏维浓（Sauvignon Blanc）酒进行区域鉴别，在留一法（leave-one-out，LOO）的交叉验证下，识别率可以达到 93%，而单独的近红外光谱和中红外光谱的识别率分别是 73%和 86%。

作为机器学习的一个分支，近些年兴起的深度学习为图谱数据的分析提供了新的思路。传统的机器学习通常采用经典或浅层的模型，在面对复杂任务时，可行性和有效性不强，不能获得较好的学习效果。而深度学习是探索多层次的非线性数据处理过程，目前已在图像分类识别[205-208]、目标检测[209-211]、图像分割[212-214]、图像理解[215]、空间结构预测[216, 217]、文本分类[218-221]、情感分析[222, 223]、自然语言生成[224]等多个领域得到应用，并取得了优于传统方法的结果。对于图谱数据，一些研究也逐渐尝试使用深度学习技术进行分析[225-228]。

以上对机器学习领域的相关工作进行了综述。本章将系统介绍机器学习在食药质量安全鉴别任务中的应用，其流程包含特征提取和融合、预测建模、超参数优化三个步骤。下面将按照该流程组织内容，结合具体的研究案例分别阐述：①多谱图数据的特征提取和融合；②基于深度学习的预测建模；③判别任务中的超参数优化。

## 5.2　多谱图数据的特征提取和融合方法

关于食药质量的衡量指标信息通常来自化学分析仪器，随着对检测结果准确性的要求越来越高，以及数据采集量的增大，机器学习技术开始渐渐应用于图谱分析中。借助于特征提取和多谱融合算法，图谱分析可以进一步揭示图谱数据中的隐含信息，实现对图谱数据的定量分析，同时能够实现快速判别分析，因此，仪器分析与机器学习技术的结合，成为一种区别于传统组分分离和识别的新范式。

仪器分析与机器学习算法相结合，现阶段取得了一定的研究成果。然而，目前图谱分析多数是将单一分析手段与机器学习结合，这样会导致无法避免特定仪器的分析盲点，难以提取复杂组分的整体特征信息。为此，需要联用多谱图信息，即将反映产品不同化学信息的各种图谱信息融合在一起，综合表征产品的化学组成特性，使得各种信息进行有效的互补，增强数据的可信任度，提高预测准确率、可靠性和鲁棒性，这对复杂混合物整体信息判定具有重要的研究意义。

现阶段的多谱图联用主要为两种方式：其一，不同仪器分析得到的图谱的相互印证和对比分析，这种联用多是图谱的简单叠加和结果对比分析，主要是对分析结果的互相验证，并未实现对复杂组分整体特征信息的分析。其二，不同仪器共同参与检测和分析，即融合分析。例如，Song 等[229]在聚甲基丙烯酸甲酯分析中采用了离子迁移谱和质谱的联用技术；Jafari 等[230]设计了气相色谱与离子迁移谱联用装置；穆海洋等[231]将紫外光谱与荧光光谱进行特征层融合，通过特征信号的平衡与组合，对水质样品的紫外光谱和三维荧光光谱进行测量分析，利用信息融合模型快速检测总有机碳等六类水质有机污染指标；姜安等[232]针对白酒香型的快速鉴别问题，采集不同香型白酒的红外光谱图，并将其作为模式分类方法的输入模式，建立白酒香型鉴别模型；夏立娅等[233]利用近红外光谱和模式识别技术建立了大米产地的快速鉴别方法等，联用仪器能够提供二维信息，以及一些简单的数据融合，借此提高识别准确性，但是对物质整体定性/定量判定方面依赖于质谱、红外光谱。没有在联用系统内部实现图谱信息融合，更没有实现不同联用系统之间的信息融合。另外，分析过程中，由于物质本身的理化特性，图谱容易出现重叠，对快速、正确识别产生影响。

综上，多谱图的融合分析对于全面刻画食药质量至关重要，正成为研究热点。本节将以四种不同产地黄芪的拉曼光谱和紫外光谱为案例，开展基于多谱图数据的特征提取和融合研究。本案例结果表明，采用拉曼光谱作为数据输入和分析工具，识别率达到 70.44%，采用紫外光谱的识别率达到 90.34%。基于拉曼光谱和紫外光谱的融合分析，识别率提高到了 96.43%。

### 5.2.1 案例研究背景

黄芪是传统中医药中的一种药草，常用于治疗糖尿病和心血管疾病[234]。然而，它的化学成分和药理特性尚未得到充分研究[235-237]，其临床应用受到多种因素的影响，如收割时间和天气条件[238]。地理起源也是影响其发展的重要因素[239]，生长地的气候、温湿度和营养供应都是影响治疗效力的因素。目前，分析黄芪最常用的质量判别方法如下：一是聘请专家根据直觉判断黄芪的质量水平。由于专家不可避免地会受到个体和外部环境的影响，这种方法的公正客观是无法保证的。二是使用传统分析仪器（如高性能液体色谱法）进行成分分析[240-242]，来识别和量化各种化学成分，但是，这些实验过程通常耗时长且所需设备昂贵，限制了成分分析方法的实际应用。

区别于上述方法，本节将介绍一种基于多谱融合的黄芪产地鉴别方法。

### 5.2.2 数据融合的理论与方法

由于拉曼光谱、离子迁移谱和紫外光谱等各种图谱采集设备的原理不同，对不同产地黄芪数据的分析各有特点，因此我们试图将三种图谱数据合理有效地融合在一起。根据文献综述可知，目前数据的融合包括三个层级：低层级（low-level）、中层级（mid-level）和高层级（high-level）。本书主要从低层级和中层级两个层级对三种图谱数据的融合展开研究。

### 1. 低层级数据融合

低层级数据融合是直接将前处理后的数据拼接在一起，得到一个很长的特征向量。本书的低层级图谱数据融合示意图如图 5-1 所示，首先各个图谱的数据单独进行预处理，去量纲后直接拼接在一起构成融合数据集，然后进行核主成分分析（kernel principal component analysis，KPCA），选择适当的核函数和核参数，最后提取核主成分作新的变量输入空间；根据分类器识别率的高低，比较分析不同图谱数据融合的效果。其中提取核主成分的个数依照核主成分的累计方差贡献率计算得到，通常可选取累计方差贡献率大于 95%或 98%的所有核主成分作为新的变量输入空间。

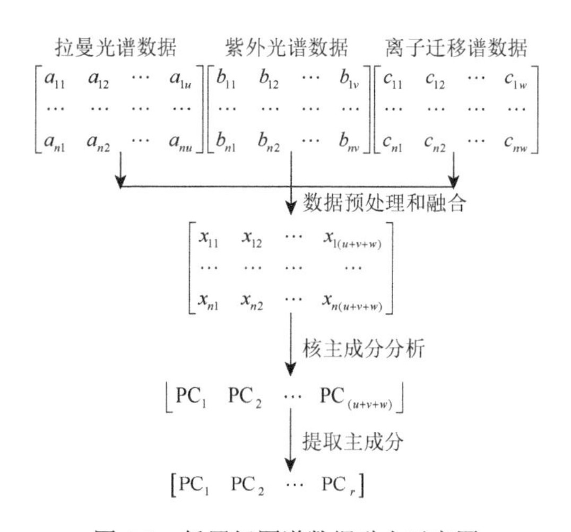


图 5-1 低层级图谱数据融合示意图

$n$ 代表所有黄芪样本数目；$u$、$v$ 和 $w$ 分别代表黄芪拉曼光谱数据、紫外光谱数据和离子迁移谱数据的特征维度；$r$ 是三种图谱数据融合提取的核主成分个数

### 2. 中层级数据融合

中层级数据融合是从数据的特征维出发，先单独对各图谱进行特征提取的操作，而后选择不同图谱之间特征的组合，从而构成大的融合数据。本书的中层级图谱数据融合示意图如图 5-2 所示。首先对各个图谱的数据 $a_{ij}(i=1,\cdots,n, j=1,\cdots,u)$、$b_{ij}(i=1,\cdots,n, j=1,\cdots,v)$、$c_{ij}(i=1,\cdots,n, j=1,\cdots,w)$ 单独进行预处理和 KPCA 特征选取，然后将选取的核主成分进行拼接。这里由于是选择不同图谱核主成分之间的组合，因此涉及核主成分组合问题。实践中可采用控制变量法，即控制其中一个图谱的核主成分（累计方差贡献率大于 95%或 98%的所有核主成分）个数不变，然后优化另外的图谱核主成分个数，根据识

别率的大小，确定另外的图谱核主成分最佳个数；在其他图谱核主成分都确定的基础上，再确定这个图谱的最佳核主成分个数，最终得到最佳的核主成分组合。然后，在分类器下，进行核函数的选择和参数优化，比较不同图谱组合的好坏。

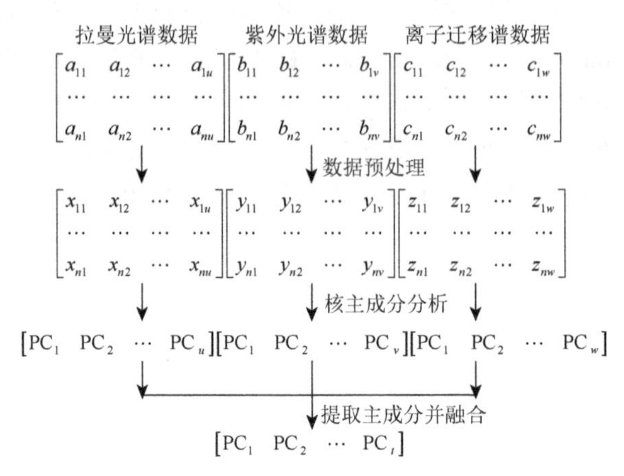


图 5-2 中层级图谱数据融合示意图

$n$ 代表所有黄芪样本数目；$u$、$v$ 和 $w$ 分别代表黄芪拉曼光谱数据、紫外光谱数据和离子迁移谱数据的特征维度；$t$ 是最终选定的核主成分的总个数

本书将分别从这两种不同级别的数据融合方法出发，对四种不同图谱组合方式进行阐述，试图给出图谱之间的最佳组合。由于图谱特点各异，希望不同的图谱特征之间可以互补，这样可以为提高不同产地黄芪的鉴别效果而给出最优的图谱融合数据。

### 5.2.3 图谱数据说明

1. 试剂和仪器

所用试剂购自瑞典欧森巴克化学公司（Oceanpak Alexative Chemical Limited）。黄芪样品均购自先声药业（Simcere，中国），样品产地包括山西、内蒙古、四川和甘肃。每个样品的图谱数据通过 Prott-ezRaman-D3 便携式激光拉曼光谱仪（Enwave 光电公司，美国）采集。激光的激发波长为 785nm，并进行了光谱测量，曝光时间为 5s，激光功率为 450mW。每个样品的紫外光谱由 T6 系列紫外可见分光光度计（北京普析通用仪器有限责任公司）记录。

2. 样品制备

将黄芪样品加入高速多功能粉碎机中进行处理，转速为 25 000r/min，时间为

5～10min。将 3g 获得的粉末样品添加到 30mL 乙醇溶液中，然后在 100℃回流条件下持续搅拌 60min。最后，对处理后的样品进行自然冷却过滤。

3. 交叉验证

核主成分分析[243, 244]与稀疏分析的理论先前已报道过[245-250]。交叉验证是常用的统计分析方法。原始数据集分为两组：一组用作训练集，另一组用作验证集。使用该训练集对一名分类员进行了训练。接下来，使用验证集评估获得的结果模型，本研究共采集了 40 份黄芪样品；四个省各 10 个样本。总样本的三分之一作为测试样本，在模式识别过程中应用了九个交叉验证集。

### 5.2.4　结果与讨论

黄芪作为一种典型的中草药，具有多种化学成分，包括异黄酮和皂苷类[251]。不同地理来源的黄芪的疗效有一定差异。因此，产地控制是黄芪质量管理的重要组成部分。图 5-3 显示了利用拉曼光谱和紫外光谱结合数据融合方法对黄芪进行质量控制的分析过程。采用拉曼光谱和紫外光谱对黄芪进行了表征分析。数据融合方法采用了核主成分分析和稀疏分类算法，以快速区分不同地区的黄芪。

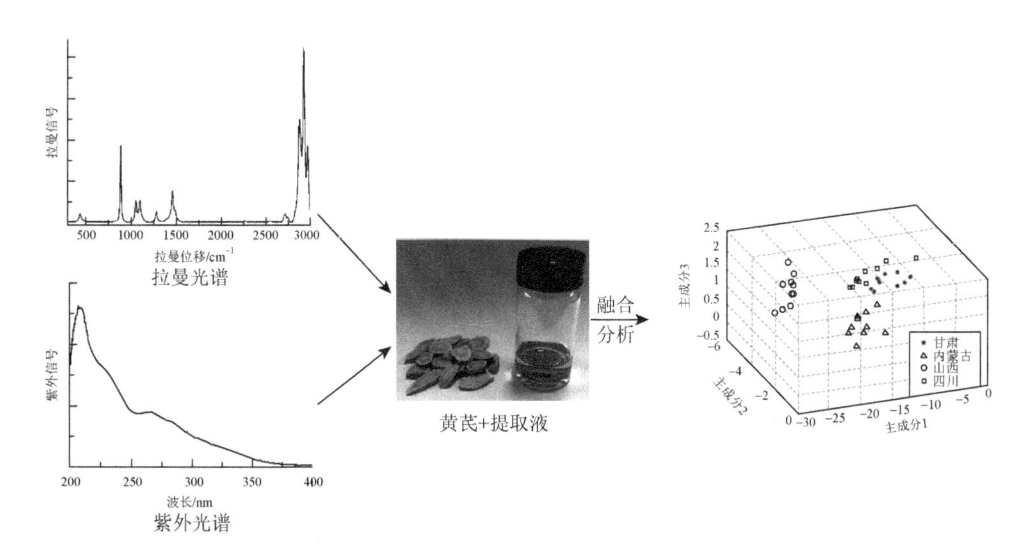


图 5-3　利用拉曼光谱和紫外光谱结合数据融合方法识别来自不同地理来源的黄芪的分析程序示意图

甘肃、内蒙古、山西、四川黄芪的拉曼光谱如图 5-4（a）所示，其中主峰的分配如下：在 890cm$^{-1}$ 处的条带被分配给 C—C 伸缩振动。在 2880cm$^{-1}$、2930cm$^{-1}$ 和 2970cm$^{-1}$ 处的条带被归因于亚甲基和甲基伸缩振动[252-254]。这些结果表明，由于主要化学成分相同，不同地区的黄芪图谱数据具有高度相似性，但在条带类型、条带位置、峰值强度等方面仍存在一些微小的差异。因此，我们采用了一种模式识别算法对这些黄芪进行了分类。

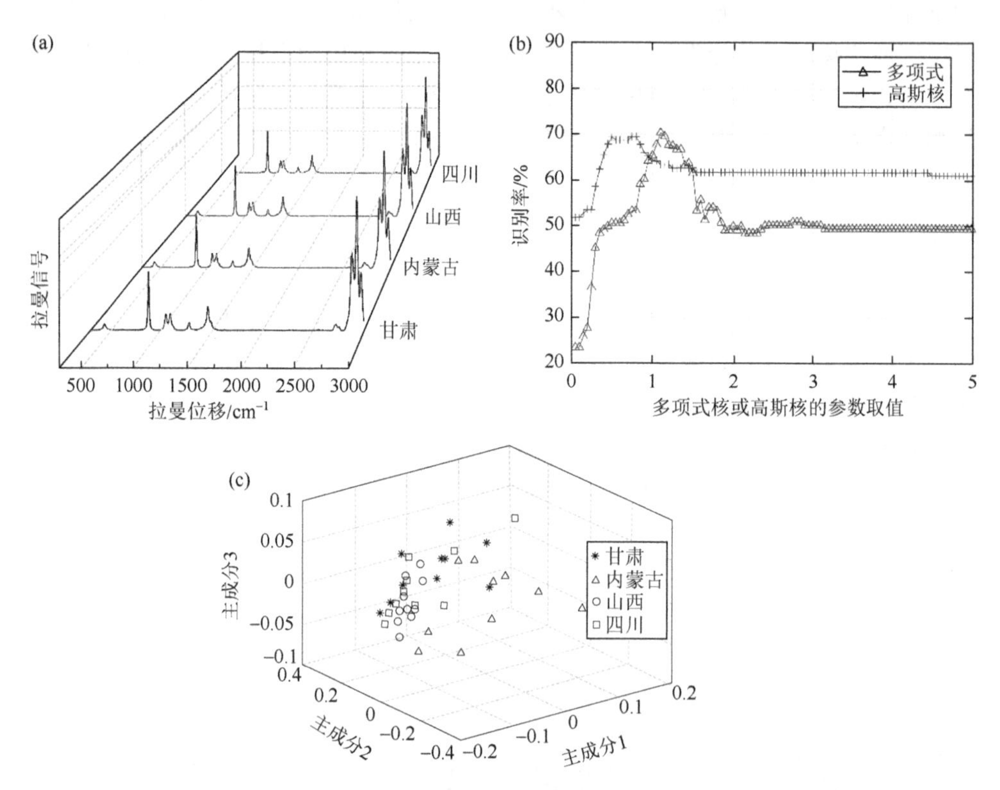


图 5-4　(a) 甘肃、内蒙古、山西、四川黄芪的拉曼光谱；(b) 基于拉曼光谱的不同核参数识别结果；(c) 基于之前拉曼光谱的三轴不同地理来源黄芪的核主成分分析图

采用小波去噪和光谱归一化操作，可以减少噪声和维数的影响。接下来，选择拉曼光谱（300～3000cm$^{-1}$）作为核主成分分析的原始空间变量。核参数是核主成分分析的关键参数。根据识别率，比较了高斯核参数和多项式核参数，如图 5-4（b）所示。选择核函数参数：核类型为多项式，$d=1.1$（$d$ 为多项式的最高次幂）。选取 16 个主成分（累计方差贡献率大于 95%或 98%）作为稀疏表示分类的变量输入。图 5-4（c）显示了来自不同区域的黄芪的空间分布（$x$ 为主成分 1，$y$ 为主成分 2，$z$ 为主成分 3）。我们还选择了支持向量机和 $k$ 近邻算法对实验样本进行分类。结果表明，核主成分分析和支持向量机的识别率达

到 28.70%；核主成分分析和 $k$ 近邻算法的识别率达到 63.59%；核主成分分析和稀疏表示分类的识别率达到 70.44%。结果表明，稀疏表示分类更适合用于本工作。

甘肃、内蒙古、山西、四川黄芪的紫外光谱如图 5-5（a）所示，其中波段的分配如下：在 205nm 左右的紫外吸收归因于非键 n 轨道到反键 $\sigma^*$ 轨道之间的电子跃迁（如氮原子、氧原子、硫原子）。在 265nm 左右的紫外吸收是 $\pi$ 轨道与反键 $\pi^*$ 轨道（如不饱和烃、芳香烃）之间的电子跃迁。这些实验样品之间紫外光谱的差异似乎比上述拉曼光谱要大，这可能是由于乙醇的干扰。

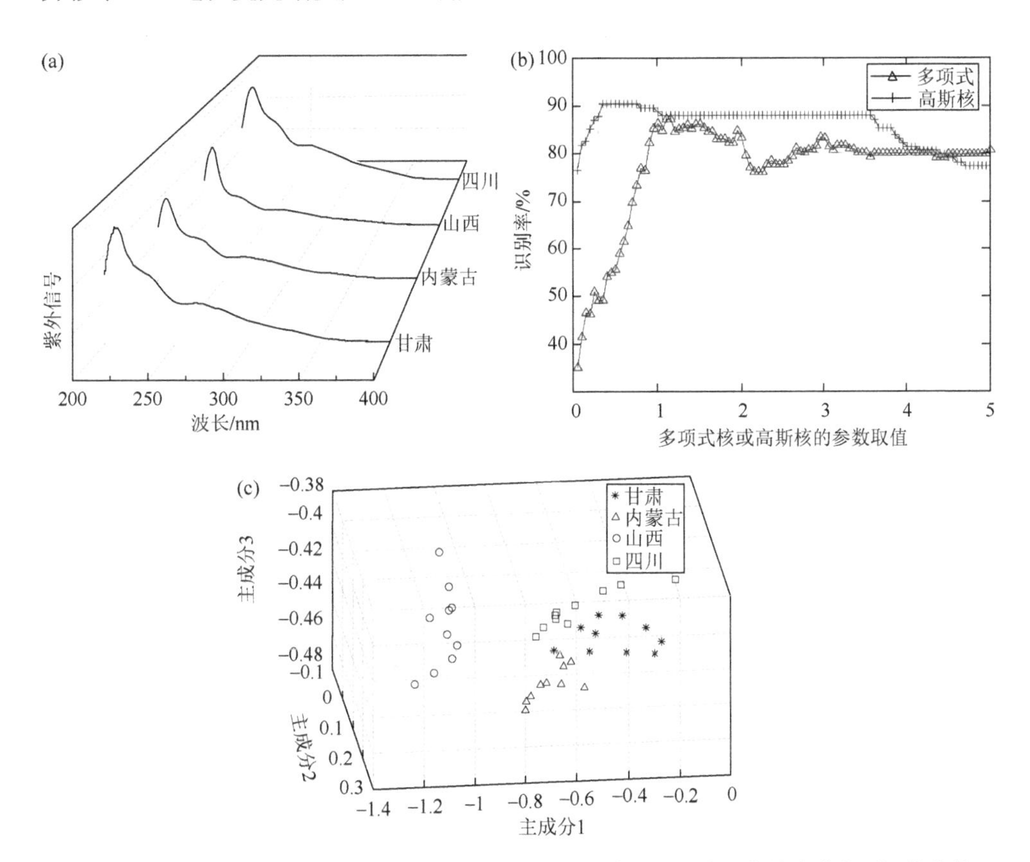


图 5-5　（a）甘肃、内蒙古、山西、四川黄芪的紫外光谱；（b）基于紫外光谱的不同核参数识别结果；（c）基于以往紫外光谱的三轴不同地理来源黄芪的核主成分分析图

光谱数据预处理采用小波降噪和归一化处理。然后，选择紫外光谱（200～400nm）作为原始空间变量进行核主成分分析。采用上述方法对核参数进行了评估，计算结果如图 5-5（b）所示。选择核函数参数：核类型为高斯值，$\gamma = 0.5$（$\gamma$ 为高斯标准差的倒数）。选区 12 个主成分（累计方差贡献率大于 95%或 98%）

作为稀疏表示分类阳离子分类器的变量输入。在 9 个交叉验证集下，核主成分分析和稀疏表示分类的识别率达到 90.34%。图 5-5（c）显示了不同地区黄芪的空间分布。

为了使实验样本能够完整描述且充分利用数据信息，采用一种基于融合分析的新策略进行了进一步的研究[255]，如图 5-6 所示。对于融合方法 1，对拉曼和紫外光谱数据进行了预处理，其中包括去噪和归一化。然后将光谱数据合并为一个新的数据矩阵。采用核主成分分析的方法，减少了光谱数据的维数。最后，实现了阳离子分类识别。对于融合方法 2，光谱数据采用去噪、归一化和核主成分分析进行处理。组合后的主成分进一步用作输入数据，用分类器进行分类和识别。

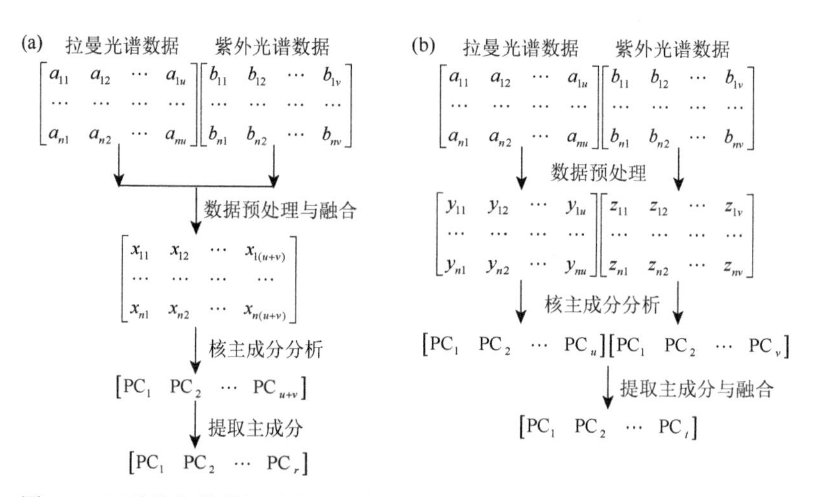


图 5-6　两种独立的数据融合处理步骤：融合方法 1（a）和融合方法 2（b）

$u$、$v$ 分别为拉曼光谱数据和紫外光谱数据的特征维度，$n$ 为样本数，$r$ 为融合方法 1 提取的主成分数，$t$ 为融合方法 2 提取的主成分数

图 5-7 显示了基于融合方法 1 和融合方法 2 的结果。融合方法 1 的核函数参数如下：多项式核，$d = 1.4$。在对拉曼光谱和紫外光谱数据进行数据预处理和核主成分分析后，选择 1～15 个主成分（累计方差贡献率大于 95%或 98%）构建矩阵。在 9 次交叉验证下，结合稀疏表示分类，识别率达到 96.43%［图 5-7（a）］。图 5-7（b）显示了不同地区黄芪的空间分布。

融合方法 2 的核函数参数如下：多项式核，$d = 1.6$。在对拉曼光谱和紫外光谱数据进行数据预处理和核主成分分析后，选择拉曼光谱的 1 个主成分、紫外光谱的 1～11 个主成分（累计方差贡献率大于 95%或 98%）进行稀疏表示分类。在最佳条件下，识别率达到 96.43%［图 5-7（c）］。图 5-7（d）显示了不同地区黄芪的空间分布。

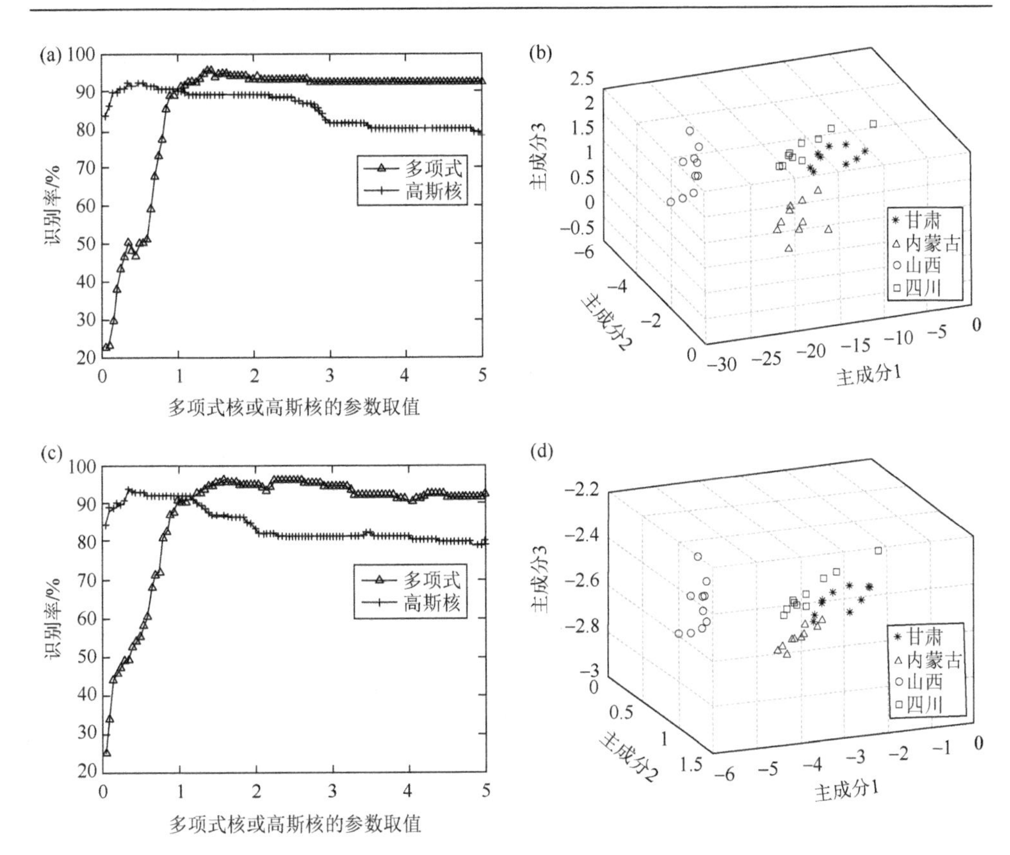


图 5-7 基于融合方法 1（a）和融合方法 2（c）的不同核参数的识别结果；基于融合方法 1（b）和融合方法 2（d）的不同产地来源的核主成分可视化结果

表 5-1 显示了基于拉曼光谱、紫外光谱、融合方法 1 和融合方法 2 的黄芪研究识别结果。识别率从 70.44%到 90.34%再到 96.43%的增加表明，数据融合方法可以提高原始数据的利用率。此外，融合方法 1 的数据处理比融合方法 2 更简单，这是因为方法 1 不需要考虑不同谱数据的各自主成分的组合问题。因此，基于这些结果，推荐采用融合方法 1。

**表 5-1 基于拉曼光谱、紫外光谱、融合方法 1 和融合方法 2 的黄芪研究识别**

| 方法 | 主成分数量 | 所需时间/s | 识别率/% |
|---|---|---|---|
| 拉曼光谱 | 16 | 0.046 | 70.44 |
| 紫外光谱 | 12 | 0.035 | 90.34 |
| 融合方法 1 | 15 | 0.039 | 96.43 |
| 融合方法 2 | 12 | 0.036 | 96.43 |

综上所述，多谱图数据的特征提取和融合能有效提高识别率。本方法可推广至其他基于图谱检测的食药质量分析任务。

## 5.3 基于深度学习的预测建模研究

在过去的几十年中，已经提出了许多线性或非线性的预测建模方法，如逻辑回归、偏最小二乘、带核的支持向量机等。然而，这些传统方法通常需要一些预处理步骤，包括去噪、基线校正等。因此，在建立良好的性能检测模型之前，需要用户具备足够的专业知识。近年来，随着机器学习技术的发展，深度学习受到了学术界和工业界的广泛关注。本节将介绍基于深度学习和可见-近红外（visible-near infrared，VIS-NIR）光谱对桃品种进行分类的研究。通过构造一个一维卷积神经网络，建立包含五种桃的 VIS-NIR 光谱数据库，实现了桃品种的多品种识别。通过训练得到网络模型，然后利用网络模型对测试集数据进行预测，基于深度学习的模型在验证集中的准确率达到 100%，在测试集中的准确率达到 94%。

### 5.3.1 案例研究背景

近年来，我国桃种植面积不断扩大，产量不断提高。桃是一种受欢迎的水果，具有风味好和营养高的特点，具有良好的市场前景。桃已成为世界上第三大重要的水果[256]。我国种植了 1000 多个品质差异显著的桃品种[257]。近年来，一些文献报道了利用光谱信息对水果属性进行无损检测的方法[258-261]。桃的品质可以由外部属性（如纹理、大小、颜色）和内部属性［如可溶性固形物含量（soluble solid content，SSC）、总酸含量（total acid content，TAC）和维生素］决定，这些属性受桃品种和栽培区域的影响很大，不同的桃子具有特定的硬度、脆度、多汁性和口感。在收获和销售过程中，不同品种或地理来源的桃很容易混淆。水果的品种检测对于食品生产者和消费者来说非常重要。为了确定水果的种类，人们探索了许多传统的方法，如脱氧核糖核酸（deoxyribonucleic acid，DNA）分析[262]、气相色谱分析[263]和氨基酸组成分析[264]。然而，这些方法需要大量的时间和人工[265]。近年来，越来越多的研究人员利用光谱技术来检测各种农产品和食品的质量属性[266]。Guo 等[267]利用近红外漫反射光谱技术鉴定桃品种。Zhang 等[268]使用激光诱导击穿光谱（laser-induced breakdown spectroscopy，LIBS）结合化学计量学方法识别咖啡品种，支持向量机模型显示了可接受的结果。Porker 等[269]使用衰减全反射中红外光谱，结合化学计量学方法对大麦麦芽品种进行分类。Li 等[270]使用近红外结合模式识别方法识别苹果品种，实验结果表明，基于极限学习机（extreme learning machine，ELM）的模型具有良好的检测效果。Vincent 等[271]使用便携式可见光反射光谱法，结合偏最小二乘法判别分析检测苹果品种。Luna 等[272]在应用不同的化学计量学方法和光谱预处理后，使用拉曼光谱对咖啡克隆品种进行分类，近红外光谱分析的典型预处理方法包括四个步骤：基线校正、乘性散射校正、噪声去除和缩放[273]，采用不同的预处理方法可能会影响分析性能，并需要额外的计算资源。最近的研究表明，即使对于相对简单的问题，大多数“合理”的预处理方法及其各自的参数设置实际上可能会降低最终模型的性能。传统的光谱分析方法需要设计面向特定领域的特征变换、特征提取、约束条件和假设模型，并且其维护成本较高，检测性能有限。近年来，深度学习算法在不同的研究领域取得了很大的进展。基于深度学习的方法可以通过学习训练数据的特征来提供准确的结果。因此，它们提供了更好的结果，许多研究在不同的研究项目和应用中使用深度学习算法进行质量检验。卷积神经网络（convolutional neural network，CNN）是一种流行的深度学习模型，在图像分析中得到了很好的应用[274-280]。近年来，一些研究者提出了基于深度学习的光谱分析方法，这是因为深度学习可以捕获更多隐藏在原始光谱中的局部特征。Acquarelli 等[281]使用卷积神经网络分析振动光谱数据。Malek 等[282]创建了用于光谱信号回归的一维卷积神经网络。Chen 等[283]实现了基于集成卷积神经网络的红外光谱定量分析建模。

本节研究首次使用 CNN 模型分析 VIS-NIR 光谱来检测桃品种。在 CNN 处理流程中，CNN 部分提取光谱特征，网络的输出部分进行分类。检测方法不需要设计手工特征提取。

### 5.3.2　材料与方法

1. 样本

样本包括 100 个来自北京的“早艳红”桃品种、100 个来自北京的“早凤王”桃品种、100 个来自山东的“映霜红”桃品种、100 个来自杭州的“塔桥”桃品种和 100 个“白凤”桃品种。训练集由 350 个桃样本组成，第一个测试集由 75 个桃样本组成，第二个测试集由 75 个桃样本组成，每个种类的数量相同。首先对样品进行清洗，然后在本研究中仅使用无可见物理缺陷的完好水果。实验前，材料在恒温（24℃）下静置 3h。对每个桃样品分别在 350～820nm 波长范围内进行光谱测量。

2. 光谱采集

使用小型 VIS-NIR 光谱仪（STS，Ocean Optics Inc.，美国）在漫反射模式下

采集 VIS-NIR 光谱。该设备配备了一个光纤探头、一个钨卤灯（64410S，3.5W，欧司朗，德国）、光纤（400～1800nm）和软件 SpectraSuite。VIS-NIR 漫反射光谱收集范围为 350～820nm，共有 1024 个变量。为了减少噪声干扰，我们使用 510～820nm 的光谱数据。在收集光谱之前，打开分光光度计并让其预热至少 0.5h，然后收集光纤背景光谱数据，以避免由未知因素造成的光谱扰动。采集光谱时，光纤探头与桃子表面紧密接触，避免表面反射和空气干扰。使用 SpectraSuite 软件收集所有光谱。五个品种桃样品的真实图片和桃的 VIS-NIR 光谱采集示例如图 5-8 所示。不同的曲线代表“早艳红”、“早凤王”、“塔桥”、“白凤”和“映霜红”五种桃的光谱。

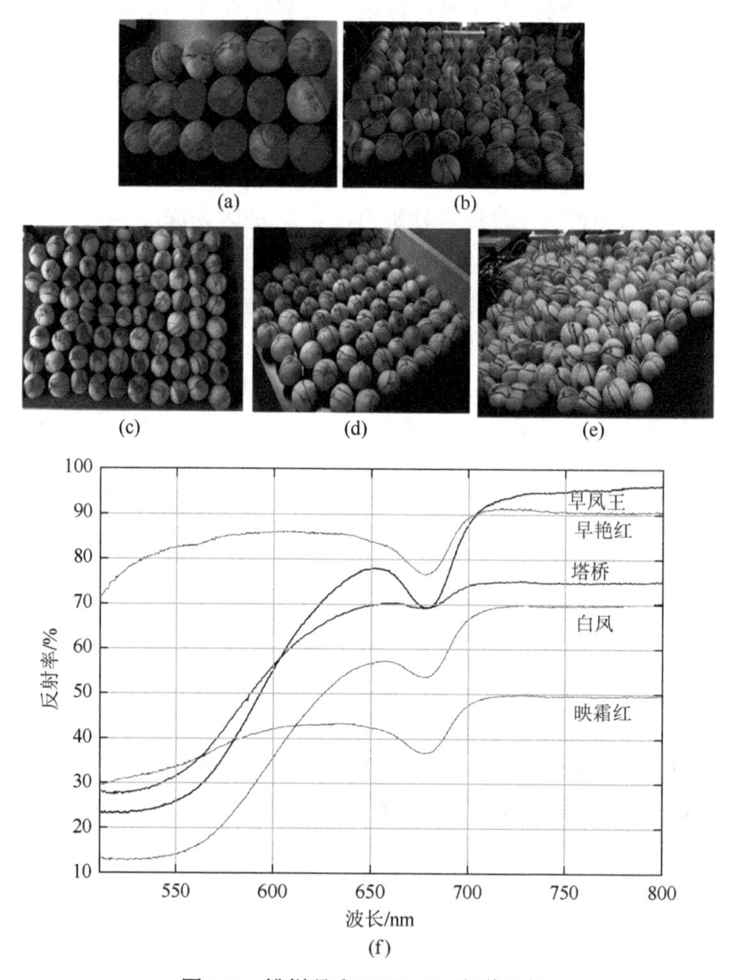


图 5-8 桃样品和 VIS-NIR 光谱示例

（a）“早艳红”桃；（b）“早凤王”桃；（c）“塔桥”桃；（d）“白凤”桃；（e）“映霜红”桃；（f）桃样品 VIS-NIR 光谱

3. 用于 VIS-NIR 光谱数据分类的卷积神经网络

卷积神经网络的基本结构由输入数据、特征映射、核函数等组成。对于 VIS-NIR 光谱数据，提出了一种卷积神经网络，用于桃品种的自动分类 VIS-NIR 光谱，如图 5-9 所示。初始输入为 VIS-NIR 光谱，最终输出为品种预测结果，由于输入向量是一维光谱数据，因此滤波器也是一维的，可以在每个卷积层中实现多个并行卷积通道，以增加模型的灵活性。在图 5-9 中，滤波器在卷积层的光谱空间上滑动，滤波器的卷积是通过光谱的局部窗口来计算的，传统的光谱校准预处理方法大多等价于输入光谱数据的移动加权平均。在卷积神经网络中，一个经过适当训练的卷积层可以取代经典的预处理。卷积神经网络包含若干批归一化（batch normalization，BN）层、卷积层、平均池化层。卷积层的激活函数为校正线性单位（rectified linear unit，ReLU），分类器输出单元由全局平均池化层和 SOFTMAX（柔性最大激活）层组成，以 SOFTMAX 层对桃品种进行分类。

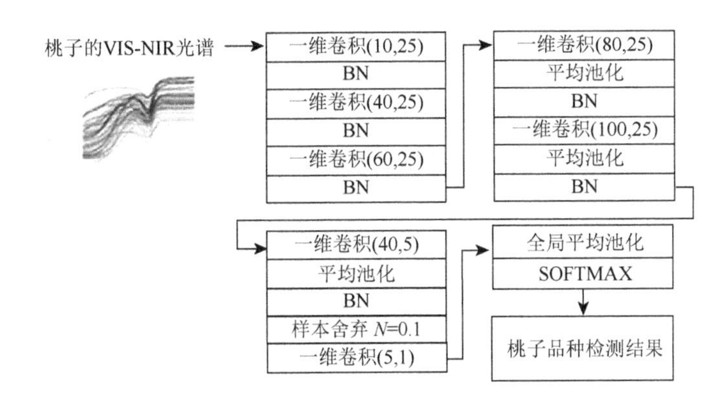


图 5-9　卷积神经网络的结构

4. 训练和测试

训练和测试流程图如图 5-10 所示。准备桃子光谱数据，形成带标签的特征数据，然后将整个训练集发送到初始化网络进行迭代训练。在每轮训练期间，选择训练集中 20%的数据作为验证集，以监控训练效果。在初步获得网络模型后，用同样的方法对测试集进行预处理，并将整个测试集输入到模型中。该网络模型可以对桃子的光谱数据进行判断，并给出检测结果。使用暗背景校准光谱数据和参考光谱数据对光谱数据进行校正后，对光谱数据进行处理和分析。本研究考虑到过拟合问题，在网络中采用了丢包（dropout）方法。输出值通过 SOFTMAX 函数得到，变化结果的概率分布由 SOFTMAX 函数给出。在网络的训练过程中，采用反向传播算法对一维卷积核、神经元权值和偏差值进行训练。在连续迭代训练下，网络参数将沿损失函数值逐渐减小的方向变化。当训练结束时，损失函数的值达到很低的水平，则网络训练被视为收敛。在训练过程中，应用 SOFTMAX 分类器对桃品种进行分类，并选择概率最大的类别作为输出结果。输出层的过程可描述为

$$P = \arg\max_{i}\left(\frac{e^{c_i}}{\sum_{j=1}^{n} e^{c_j}}\right)$$

其中，$c$ 为最后一层神经元的激活数据；$c_i$ 为第 $i$ 个神经元的激活数据；$c_j$ 为第 $j$ 个神经元的激活数据；$n$ 为类别数或最后一层神经元数；$P$ 为预测的标签。

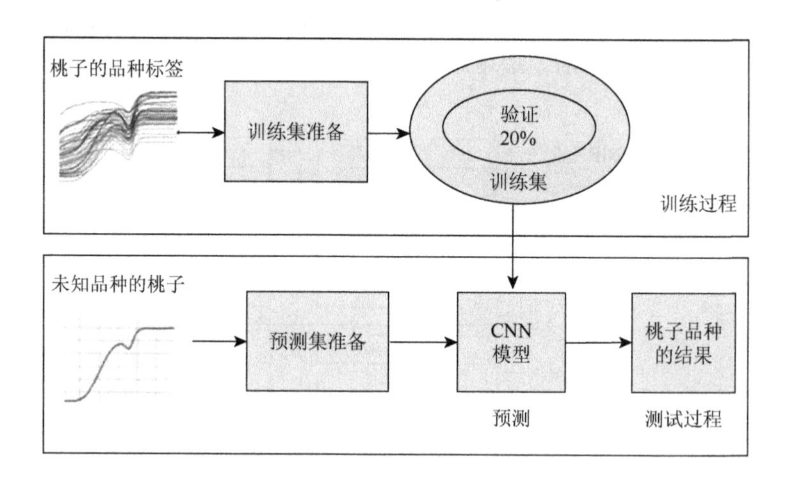


图 5-10　训练和测试流程图

## 5.3.3　结果与讨论

1. 桃品种的检测

使用深度学习的训练损失如图 5-11（a）所示。训练集和验证集的准确度如图 5-11（b）所示。为了测试本节提出的基于 CNN 的检测算法的性能，选择了“早艳红”、“早凤王”、“映霜红”、“塔桥”和“白凤”桃子的样本。图 5-11 中的结果表明，训练集中的训练分类准确率随训练轮数的增加而提高，训练集中的训练损失随训练轮数的增加而减少，最后一次回波的最佳分类准确率为 100%。验证集中的训练分类准确率随着训练轮数的增加而提高，最后一次回波的最佳分类准确率为 100%。

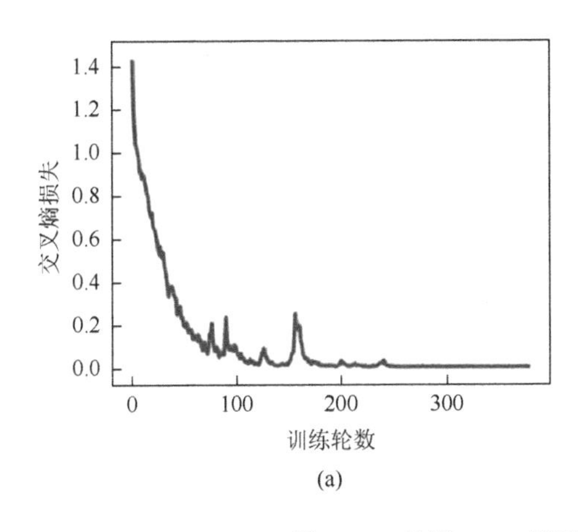

(a)

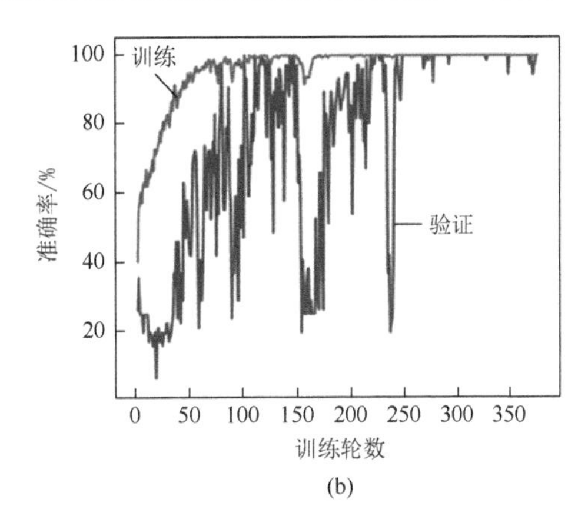

(b)

图5-11　使用CNN模型计算一代训练的训练结果

（a）模型训练损失；（b）训练集和验证集的准确度

表5-2显示了使用深度学习的预测结果。可以清楚地观察到，检测结果无须手动提取且特征参数令人满意，验证集中的品种检测准确率为100%，第一个测试集中的品种检测准确率为91.7%，第二个测试集中的品种检测准确率为94.4%。实验结果表明，基于深度学习的方法为桃品种的识别和检测提供了良好的效果。

图5-12显示了从原始训练集中选择10%～100%的训练子集所得到的CNN模型的最佳预测结果。随着训练集样本量的增加，测试集中CNN模型的检测准确率得到了提高。随着训练集中样本量的增加，CNN方法的最佳预测结果在第一个测试集中从55.6%增加到91.7%，在第二个测试集中从55.6%增加到94.4%。这表明，增加样本数将改善CNN模型，以便从桃子的VIS-NIR光谱数据源中学习到关键的判别特征。根据检测结果，利用基于深度学习的训练模型，只有极少数桃品种样本未被正确检测。故障检测的一个主要原因是训练CNN需要更多的样本，而现实世界中的样本通常会受到实验样本资源的限制。

**表5-2　不同数据集中桃品种预测准确度**

| 数据集 | CNN（卷积神经网络） | KNN（$k$最近邻） | PCA＋SVM（主成分分析＋支持向量机） | QDA（二次判别分析） | RF（随机森林） | SGD（随机梯度下降） |
|---|---|---|---|---|---|---|
| 验证集 | 100% | 65.3% | 80.0% | 17.3% | 98.6% | 52.0% |
| 测试集1 | 91.7% | 51.4% | 75.0% | 16.7% | 59.7% | 45.8% |
| 测试集2 | 94.4% | 61.1% | 87.5% | 16.7% | 66.7% | 51.4% |

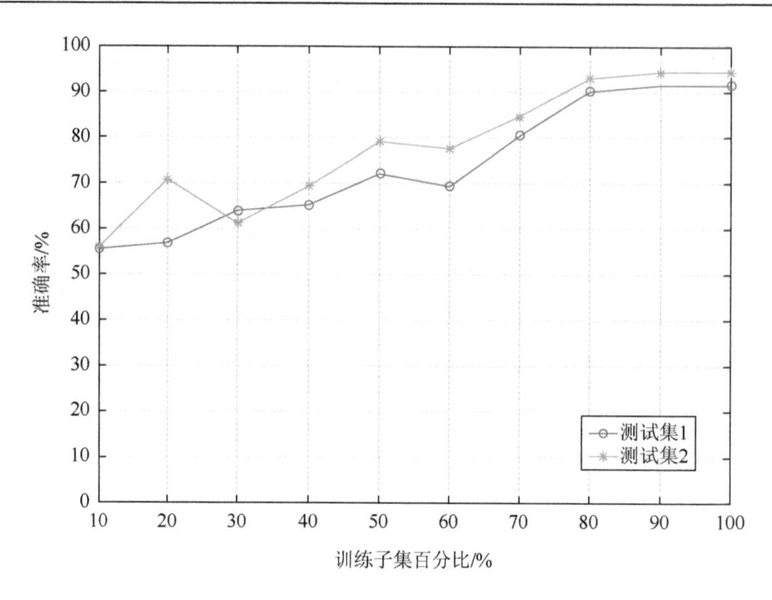


图 5-12　从原始训练集中选择 10%～100%的训练子集所得到的 CNN 模型的最佳预测结果

2. 不同模型的比较

本节中模型的性能比较可以使用准确度进行评估，并且可以使用网格搜索技术获得模型的最佳参数。为了测试所提出的基于 CNN 的检测算法的性能，将其与 *k* 最近邻（*k*-nearest neighbor，KNN）、主成分分析 + 支持向量机、二次判别分析（quadratic discriminant analysis，QDA）、随机森林、随机梯度下降（stochastic gradient descent，SGD）进行了比较测试。

在桃子验证集中，基于 CNN 的方法获得了 100%的最佳准确率，随机森林方法获得了 98.6%的准确率，主成分分析 + 支持向量机方法获得了 80%的准确率。CNN 模型在分类准确率方面的表现最好。在桃子的第一个测试集中，基于 CNN 的方法获得了 91.7%的最佳准确率，主成分分析 + 支持向量机方法的准确率达到 75%，因此，使用 CNN 模型的分类准确率最好。在桃子的第二个测试集中，基于 CNN 的方法达到了 94.4%的最佳准确率，主成分分析 + 支持向量机方法达到了 87.5%的准确率，因此，使用 CNN 模型的分类准确率性能最好。

对于某些品种的桃子，由于它们的成分相似，光谱的特征峰也相似。这导致了分类困难，为此，建立混淆矩阵，以确定不同桃品种之间的区分难度。我们给出了两个测试集中桃品种检测的混淆矩阵（图 5-13 和图 5-14）。在两个测试集中，基于 CNN 的方法取得了不同品种桃子之间的最少混淆，主成分分析 + 支持向量机方法次之。

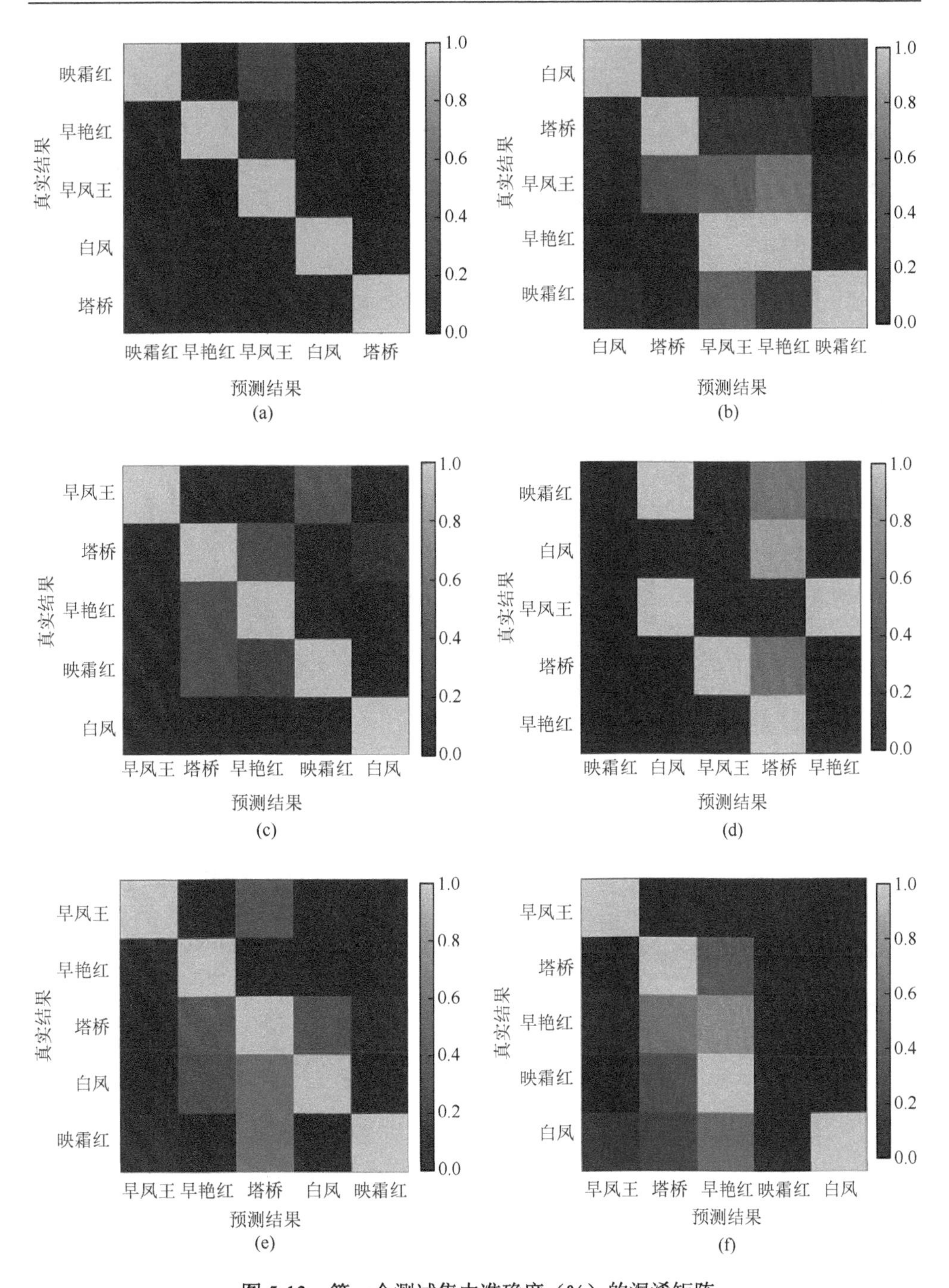


图 5-13　第一个测试集中准确度（%）的混淆矩阵

（a）CNN；（b）KNN；（c）PCA+SVM；（d）QDA；（e）RF；（f）SGD

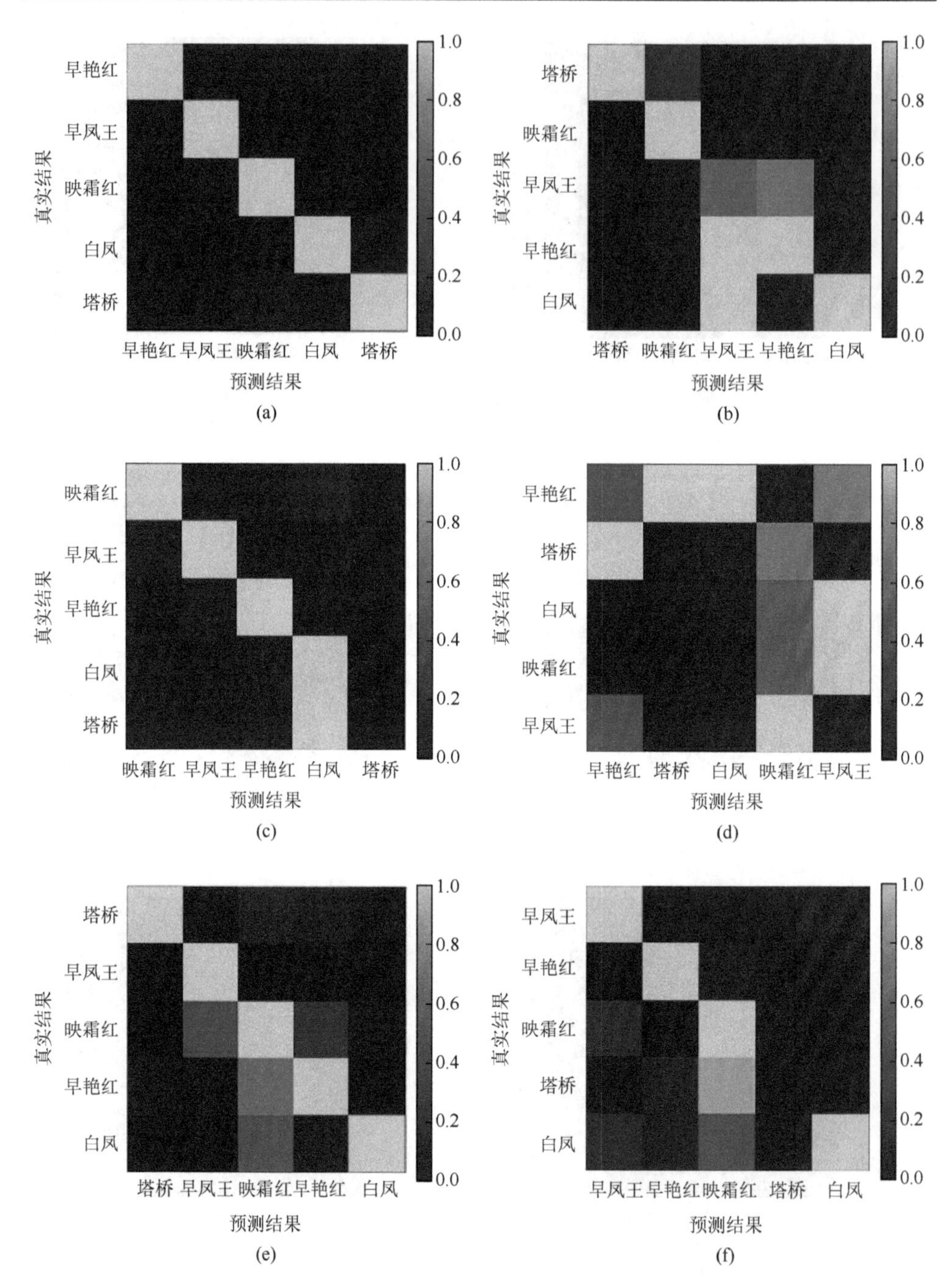


图 5-14　第二个测试集中准确度（%）的混淆矩阵

（a）CNN；（b）KNN；（c）PCA+SVM；（d）QDA；（e）RF；（f）SGD

综上，本节提出的基于深度学习卷积神经网络的 VIS-NIR 光谱桃品种检测方法，取得了优于传统方法的分类效果，并且具有不依赖人类专家介入、综合实施成本低的优点。

## 5.4　食药质量判别任务中的超参数优化研究

超参数优化是机器学习的核心任务之一。超参数优化旨在寻找使机器学习模型泛化（generalization）能力表现最佳的超参数。超参数与一般模型参数不同，通常需要依赖常规参数训练之外的优化策略。本节将以多核学习在乳制品质量快速鉴别中的应用为例，介绍超参数优化策略。

### 5.4.1　案例研究背景

乳制品是指以牛奶为原材料制备而成的产品，包括奶片、奶粉等，是大众日常食品消费的重要组成部分[284]，过去的十几年间，与之相关的质量安全问题层出不穷，民众对于国内乳制品的信赖度急剧下降。国家出台了史上最严格的食品安全法，加强乳制品质量安全管理[285]，但这一系列的举措并不能完全恢复民众丧失的信心与安全感。由于缺乏必要的快速准确检测手段，工商质检等执法部门在针对市场上乳制品进行监督检测和执法过程中往往很难快速准确地鉴别假冒伪劣产品，检测一种乳制品产品是否符合标准通常需要 5～7 天。因此，发展一种乳制品质量快速鉴别技术与方法，快速准确地分析乳制品的品质，控制乳制品质量，已是一个迫在眉睫的问题。

### 5.4.2　基于多核学习的乳制品质量快速鉴别

1. 多核学习理论

Lanckriet 等[286]在 2004 年提出了多核学习（multiple kernel learning，MKL）算法，MKL 算法通过将多个核函数进行组合，从而实现不同的特征采用不同的核函数进行映射。MKL 算法早期主要应用于生物信息学领域[287, 288]，随着 MKL 算法的不断发展，计算速度的不断提升，它已经在其他更多的应用领域发挥重要作用。在图谱数据分类鉴别中，Camps-Valls 等[289]构建了满足 Mercer 定理约束的多种核的组合，实现了高光谱图像的分类。Rakotomamonjy 等[290]提出 SimpleMKL，设

$$K'(x,x')=\sum_{m=1}^{M}d_mK_m(x,x'),\quad \sum_{m=1}^{M}d_m=1,\quad d_m>0$$

其中，$M$ 为基础核函数的数量；$K_m(x,x')$ 为基础核函数；$d_m$ 为基础核函数对应的权值。

在固定 $d_m$ 的基础上结合支持向量机[291]最优化模型构建分类超平面，并根据梯度下降方向更新 $d_m$，最终将上述多核学习问题转换成如下最优化问题：

$$\min \quad J(d)$$

$$\text{s.t.} \quad \sum_{m=1}^{M}d_m=1,\ d_m>0$$

$$J(d)=\begin{cases}\min \quad \dfrac{1}{2}\sum\limits_{m=1}^{M}\dfrac{1}{d_m}\|\omega_m\|^2+C\sum\limits_{i=1}^{n}\xi_i \\ \text{s.t.} \quad y_i\left(\sum\limits_{m=1}^{M}\left(\omega_m\cdot x_i^m\right)+b\right)\geqslant 1-\xi_i \\ \sum\limits_{m=1}^{M}d_m=1,\quad d_m>0 \\ \xi_i\geqslant 0\end{cases}$$

为解决上述最优化问题，采取了 Rakotomamonjy 等[290]提出的投影梯度法，利用一种分块 $L_1$ 范数正则化算法和控制对偶间隙的大小得到原问题的近似最优解。通过引入拉格朗日乘子可以求解在 $d_m$ 固定的情况下的最优解 $a_i$。

$$L(\alpha,\nu,\xi)=\frac{1}{2}\sum_{m=1}^{M}\frac{1}{d_m}\|\omega_m\|^2+C\sum_{i=1}^{n}\xi_i+\sum_{i=1}^{n}a_i\left(1-\xi_i-y_i\sum_{m=1}^{M}\omega_m-y_ib\right)-\sum_{i=1}^{n}\nu_i\xi_i$$

接着采用拉格朗日函数 $L(\alpha,\nu,\xi)$ 分别对自变量求梯度，并且根据极值定理令梯度等于 0，可以得到 $a_i$ 与 $d_m$、$\nu_i$ 间的关系，化简可以得到

$$\begin{cases}\dfrac{1}{d_m}\omega_m(x)=\sum\limits_{i=1}^{n}y_ia_iK_m(x,x_i) \\ \text{s.t.} \quad \sum\limits_{i=1}^{n}y_ia_i=0 \\ 0\leqslant a_i\leqslant C\end{cases}$$

求解上述问题可以转化为求解下面的对偶问题，即

$$\max \quad \sum_{i=1}^{n}\alpha_i-\frac{1}{2}\sum_{i=1}^{n}\sum_{j=1}^{n}\alpha_i\alpha_jy_iy_j\sum_{m=1}^{M}d_mK_m\left(x_i^m,x_j^m\right)$$

$$\text{s.t.} \quad \sum_{i=1}^{n} y_i \alpha_i = 0$$

$$0 \leqslant \alpha_i \leqslant C$$

在 $d_m$ 固定的情况下可以求出 $K_m(x,x')$。由于 $J(d)$ 与上列公式满足强对偶条件，因此 $J(d)$ 中目标函数的最小值对应的最优解等于上列公式中目标函数的最大值对应的最优解，求解 $J(d)$ 的最优值等价于求解上列公式中最优的 $a_i$ 与 $d_m$，最终要求解的优化问题 $J^*(d)$ 的目标函数可以表示为

$$J^*(d) = \sum_{i=1}^{n} \alpha_i^* - \frac{1}{2}\sum_{i=1}^{n}\sum_{j=1}^{n} \alpha_i^* \alpha_j^* y_i y_j \sum_{m=1}^{M} d_m K_m\left(x_i^m, x_j^m\right)$$

2. 训练集选取

随机在三种乳制品拉曼光谱图谱库中各选取了 40 个数据，编号为 A1～A40（乳制品 1）、B1～B40（乳制品 2）、C1～C40（乳制品 3）共 120 个样本数据，并进行基于多核学习的乳制品类别判别分析。通过 Kennard-Stone（KS）方法[292]选取出三种乳制品样本数据各 32 个，得到共 96 个数据组成的训练集，余下的样品数据各 8 个，共 24 个作为测试集。通过 KS 方法在样本图谱库中选择训练集样本，利用质量控制图验证训练集选取的合理性。

3. 核函数选择与核参数优化

针对上述选取的训练集和测试集，首先进行多元散射校正（multiple scattering correction，MSC）+ SG（Savitzky-Golay）多项式平滑 + 小波降噪处理，然后分别利用稀疏主成分分析（sparse principal component analysis，SPCA）提取的 11 个特征数据和计算的 20 个特征峰面积两种特征数据建立基于多核学习的乳制品质量快速鉴别模型，然后对两个模型中的核函数进行选择与参数优化，选取了多项式核函数（POLY 核函数）+ 多项式核函数，径向基核函数（radial basis function，RBF）+ 径向基核函数和多项式核函数 + 径向基核函数三种核函数加权线性组合合成核进行探究。实验均进行 $K$ 折交叉验证，其中 $K=9$。实验均重复 100 次，取测试集平均识别率记为实验结果。

1）多项式核函数 + 多项式核函数

多项式核函数（POLY 核函数）+ 多项式核函数（POLY 核函数）加权线性组合合成核函数的表达式为

$$K(x,x') = (1-d)(x \cdot x' + 1)^{q_1} + d(x \cdot x' + 1)^{q_2}$$

为了探究不同参数下多核学习乳制品质量快速鉴别模型的分类准确率，参数

$q_1$ 和 $q_2$ 分别设置为 1～5，如表 5-3 所示，设计了 15 组实验。同时通过调节参数（$d$ 值分别设置为 0.2、0.4、0.6 和 0.8），记录 60 组实验结果。实验结果如图 5-15 所示。

**表 5-3　POLY + POLY 核函数加权线性组合合成核函数参数实验**

| 实验号 | $q_1$ | $q_2$ | 实验号 | $q_1$ | $q_2$ | 实验号 | $q_1$ | $q_2$ |
|---|---|---|---|---|---|---|---|---|
| 1 | 1 | 1 | 6 | 2 | 2 | 11 | 3 | 4 |
| 2 | 1 | 2 | 7 | 2 | 3 | 12 | 3 | 5 |
| 3 | 1 | 3 | 8 | 2 | 4 | 13 | 4 | 4 |
| 4 | 1 | 4 | 9 | 2 | 5 | 14 | 4 | 5 |
| 5 | 1 | 5 | 10 | 3 | 3 | 15 | 5 | 5 |

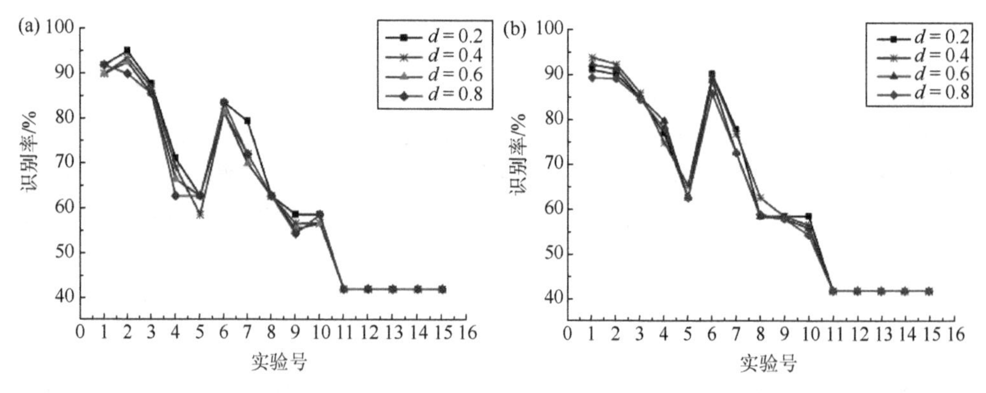


图 5-15　POLY + POLY 合成核超参数优化实验结果

（a）SPCA 特征；（b）特征峰面积特征

2）径向基核函数 + 径向基核函数

径向基核函数 + 径向基核函数加权线性组合合成核函数的表达式为

$$K(x,x') = (1-d)\exp\left(-\|x-x'\|^2 / 2\sigma_1^2\right) + d\exp\left(-\|x-x'\|^2 / 2\sigma_2^2\right)$$

设置参数 $\sigma_1$ 和 $\sigma_2$ 分别为 0.01～0.05，如表 5-4 所示，设计了 15 组实验。同时通过调节参数（$d$ 值分别设置为 0.2、0.4、0.6 和 0.8），记录 60 组实验结果，如图 5-16 所示。

**表 5-4　RBF + RBF 核函数加权线性组合合成核函数参数实验**

| 实验号 | $\sigma_1$ | $\sigma_2$ | 实验号 | $\sigma_1$ | $\sigma_2$ | 实验号 | $\sigma_1$ | $\sigma_2$ |
|---|---|---|---|---|---|---|---|---|
| 1 | 0.01 | 0.01 | 3 | 0.01 | 0.03 | 5 | 0.01 | 0.05 |
| 2 | 0.01 | 0.02 | 4 | 0.01 | 0.04 | 6 | 0.02 | 0.02 |

续表

| 实验号 | $\sigma_1$ | $\sigma_2$ | 实验号 | $\sigma_1$ | $\sigma_2$ | 实验号 | $\sigma_1$ | $\sigma_2$ |
|---|---|---|---|---|---|---|---|---|
| 7 | 0.02 | 0.03 | 10 | 0.03 | 0.03 | 13 | 0.04 | 0.04 |
| 8 | 0.02 | 0.04 | 11 | 0.03 | 0.04 | 14 | 0.04 | 0.05 |
| 9 | 0.02 | 0.05 | 12 | 0.03 | 0.05 | 15 | 0.05 | 0.05 |

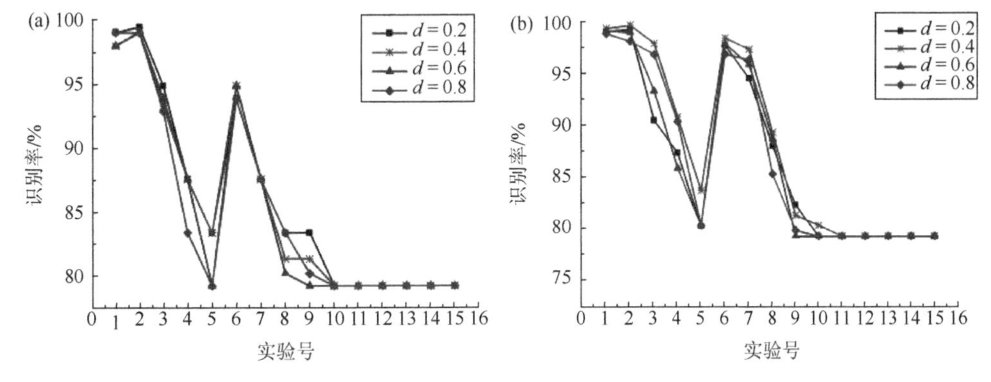


图 5-16　RBF + RBF 合成核超参数优化实验结果

（a）SPCA 特征；（b）特征峰面积特征

3）多项式核函数 + 径向基核函数

多项式核函数 + 径向基核函数加权线性组合合成核函数的表达式为

$$K(x,x')=(1-d)(x\cdot x'+1)^q+d\exp\left(-\|x-x'\|^2/2\sigma^2\right)$$

设置参数 $q$ 为 1～5，参数 $\sigma$ 为 0.01～0.05，设计了 25 组实验（表 5-5）。通过调节参数 $d$（$d$ 值分别设置为 0.2、0.4、0.6 和 0.8），记录 100 组实验结果（图 5-17）。

**表 5-5　POLY + RBF 核函数加权线性组合合成核函数参数实验**

| 实验号 | $q$ | $\sigma$ | 实验号 | $q$ | $\sigma$ | 实验号 | $q$ | $\sigma$ | 实验号 | $q$ | $\sigma$ | 实验号 | $q$ | $\sigma$ |
|---|---|---|---|---|---|---|---|---|---|---|---|---|---|---|
| 1 | 1 | 0.01 | 6 | 2 | 0.01 | 11 | 3 | 0.01 | 16 | 4 | 0.01 | 21 | 5 | 0.01 |
| 2 | 1 | 0.02 | 7 | 2 | 0.02 | 12 | 3 | 0.02 | 17 | 4 | 0.02 | 22 | 5 | 0.02 |
| 3 | 1 | 0.03 | 8 | 2 | 0.03 | 13 | 3 | 0.03 | 18 | 4 | 0.03 | 23 | 5 | 0.03 |
| 4 | 1 | 0.04 | 9 | 2 | 0.04 | 14 | 3 | 0.04 | 19 | 4 | 0.04 | 24 | 5 | 0.04 |
| 5 | 1 | 0.05 | 10 | 2 | 0.05 | 15 | 3 | 0.05 | 20 | 4 | 0.05 | 25 | 5 | 0.05 |

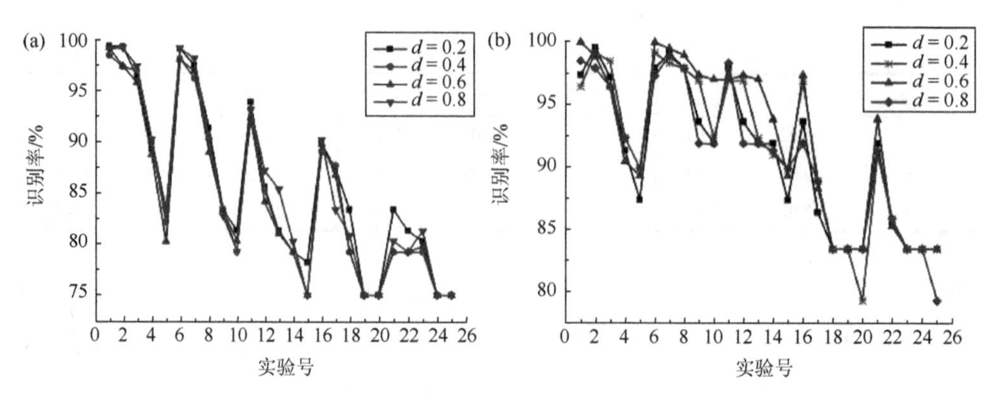


图 5-17　POLY + RBF 合成核超参数优化实验结果

（a）SPCA 特征；（b）特征峰面积特征

### 5.4.3　结果与讨论

通过核函数选择与参数优化实验来探究利用 SPCA 提取的特征和利用特征峰面积两种建模情况下，多项式核函数 + 多项式核函数、径向基核函数 + 径向基核函数和多项式核函数 + 径向基核函数三种核函数组合的参数设置与优化。实验结果表明，在利用 SPCA 提取的特征建模下，选取多项式核函数 + 径向基核函数加权线性组合合成核作为核函数，并设置最优参数为$d = 0.6$，$q = 1$，$\sigma = 0.01$，可实现平均识别率 99.83%，单次识别率最高达 100%；在利用特征峰面积建模情况下，选取径向基核函数 + 径向基核函数加权线性组合合成核作为核函数，并设置最优参数为$d = 0.4$，$\sigma_1 = 0.01$，$\sigma_2 = 0.02$，可实现平均识别率 99.61%，单次识别率最高达 100%。

# 第 6 章　总结与展望

本章概要：本章对前沿问题和新兴技术进行了展望。主要包括以下几个方面：与食药质量安全相关的图像和文本等非结构化数据如何分析和处理；如何应对大数据的潜在伦理问题，如数据确权、隐私问题、科技型企业垄断等；如何用图谱大数据赋能区块链溯源等新兴应用场景。

## 6.1　非结构化数据的分析

针对食药质量安全，本书重点介绍了具有鲜明的领域特色的图谱数据。然而，食药质量安全管理涉及的数据来源极为广泛，包括各类物联网传感器（如无人机和卫星）[293, 294]、宏观经济、环保等外部数据，国家产品质量监督抽查、消费者投诉、产品召回通报、质量统计年鉴[295, 296]、公共指南、产品质量仲裁、实验室产品检测、产品伤害和事故等数据，以及微博、论坛、社交网络等用户产生的数据。这些数据在信息来源、信息类型、描述结构、文本特征、表达方式和传播渠道等方面更加多样化，并且多以文本、图像、视频等非结构化形式呈现，对此类数据的分析和处理也是实现全景式的食药质量安全管理重要的一环。

近些年兴起的深度学习技术有望较好地应对此类非结构化数据。以文本和图像类数据分析为例，深度学习应用的早期，Bengio 等[297]提出了词的向量化表示，使用词向量替代传统的独热编码用于词汇的向量化表征，解决了独热表示带来的维数灾难问题。Kalchbrenner 等[298]使用卷积神经网络通过各种分类任务学习句子表示。在 2015 年的计算语言学协会年会（Annual Meeting of the Association for Computational Linguistics，ACL）上，Li 等[299]提出了层次的长短期记忆（long short-term memory，LSTM）模型，使用不同的 LSTM 分别处理词、句子和段落级别输入，通过对输入文本的重建来指导参数学习，并使用自动编码机的重建效果检测 LSTM 的信息保存压缩能力，其中词、句子、文档的特征表示来自各个层次的 LSTM 输出。为解决决策跨领域的知识挖掘的问题，基于深度神经网络的迁移学习算法应运而生，Platt 等[300]同时从不同语言的训练文档中学习语言相关的特征投影，从而将不同特征空间映射到同一个“语言无关的”抽象空间，然后利用典型相关分析得到不同语言间的关联关系。Shi 等[301]提出了一种跨语言的半监督文本分类模型。Zhu 等[302]提出了文本到图像间的知识迁移方法。Li 等[303]提出了基于特征对齐、扩充和支持向量机的通用异构迁移学习方法，在跨语言、跨媒体任务上效果良好，辅助领域和目标领域的类别空间不一致在文本挖掘和图像理解中都受到广泛关注。Narasimhan 等[304]提出了一种长短时记忆网络与强化学习结合的深度网络架构来处理文本游戏，这种方法能够将文本信息映射到向量表示空间从而获取游戏状态的语义信息。对于时间序列信息，深度 $Q$ 网络的处理方法是加入经验回放机制。Hsu 等[305]将长短时记忆网络与深度 $Q$ 网络结合，提出深度递归 $Q$ 网络（deep recurrent $Q$ network，DRQN），在部分可观测马尔科夫决策过程（partially observable Markov decision process，POMDP）中表现出了更好的鲁棒性，同时在缺失若干帧画面的情况下也能获得很好的实验结果。随着视觉注意力机制在目标跟踪和机器翻译等领域的成功应用[306]，Sornlertlamvanich 和 Kruengkrai [307]受此启发提出深度注意力递归 $Q$ 网络（deep attention recurrent $Q$ network，DARQN），它能够选择性地重点关注相关信息区域，减少深度神经网络的参数数量和计算开销。

目前，深度学习在模式识别[205-208]、目标检测[209-211]、图像理解[215]、文本分类[218-221]、情感分析[222, 223]、自然语言生成[224]等多个领域得到广泛应用，特别是在非结构化数据的处理上表现出优于传统方法的效果。如何对结构化的图谱数据与各类非结构化数据进行融合分析是食药质量安全管理决策的重要研究课题。

## 6.2　大数据伦理问题

大数据分析在实际应用中会产生产权、伦理、可用性、开放性等方面的一些问题。①从社会政治的角度来看，食药行业的垄断和底层经营者（如种植户）对大型企业的依赖成为可能[308]。集中在大型企业中的大数据资源将不断加强企业的垄断能力和业务优势[309]，这涉及数据产权及货币化权力的归属问题[310]。也有研究表明，对冲基金或资本可能会使用大数据资源（如天气数据、产量预测、来自检测设备及农用机械的数据）来投机大宗原料市场。②大数据的价值发现存在区域性不均衡问题。根据 Rodriguez 等[311]和 Kshetri[312]的研究，大数据的使用在发达国家和发展中国家是不同的。由于技术（如计算能力、互联网带宽和复杂软件）的获取能力不平衡，以及发展中国家缺乏技能熟练的数据分析师，发达国家和发展中国家在大数据数量和多样性方面存在数字鸿沟。发展中国家的大数据规模较小、多样性较低[296, 311, 313, 314]。③专业人才、基础设施和数据治理方面的障碍。相关工作表明，大数据分析的广泛使用存在各种障碍，如缺乏人力资源和专业知识[314]、收集和分析大数据的基础设施有限等。从技术方面来看，云基础设施投资对于大规模数据存储、快速分析和可视化至关重要[315]。大数据基础设施应该易于非技术人员访问，且成本可控[316]。Frelat 等[313]指出，准确和可操作的数据需要通过大量的技术技能来处理数据挖掘和分析方法，同时需要基础设施来高效存储、管理和处理多模态和高维数据集。此外，与大数据相关的结构和治理普遍缺乏[317]。需要设计对各方都有足够吸引力的商业模式，使不同利益相关者之间能够公平分享大数据收益[318]。④缺少大数据所有权的政策框架[308]，以保护所有者的版权并控制用户访问。需要制定数据管理和安全政策[312]，以实现大数据的民主化。与此同时，大量涌现的开源软件及数据集也为整个社区和行业扫除了所有权障碍[319, 320]，使得大数据资源和工具能够更好地服务于包括食药质量安全管理在内的各行业应用。

## 6.3　大数据与新兴应用场景的结合

随着物联网、区块链、人工智能等技术的推广，大数据及其分析技术如何赋能不断涌现的新兴应用场景是工程化实践的一个重要研究内容。2021 年，以“浙江高质量发展建设共同富裕示范区”为契机，笔者团队以区块链为核心支撑技术，承担了国内首个道地有机仿生中药材线上标准合约交易平台的建设工作。本节将结合该平台的建设经验，探讨图谱大数据及其分析技术在区块链应用中所面临的一些问题及解决思路。

区块链的思想诞生于 20 世纪 90 年代初期，其首个里程碑式的应用是 2008 年出现的数字货币“比特币”[4]。区块链大致可分为三个发展阶段：①以“比特币”等加密货币[5]为代表的 1.0 阶段；②以“以太坊”等智能合约技术[6]为代表的 2.0 阶段；③以可编程社会为愿景的 3.0 阶段。目前普遍认为区块链处于 2.0 阶段，其目标是将业务规则和企业制度进行显式编程（explicit programming），以实现智能合约驱动的业务运作和企业管理自动化。区块链 3.0 则是进一步将智能合约推广到社会的各个行业和行政领域，实现去中心化自治社会（decentralized autonomous society，DAS）。2016 年 12 月，我国国务院印发《“十三五”国家信息化规划》（以下简称《规划》）。《规划》指出，区块链是新技术基础研发和前沿布局的重点内容。同年，工业和信息化部发布《中国区块链技术和应用发展白皮书（2016）》，阐明了区块链在金融服务、供应链管理、物联网等各领域的应用前景，并制定了技术发展路线图和技术标准化路线图。2019 年，中共中央政治局第十八次集体学习以区块链为主题，奠定了区块链的国家发展战略地位。目前，区块链技术应用已延伸到数字金融、物联网、智能制造、供应链管理、数字资产交易等多个领域。

从目前投入应用的区块链项目看，区块链在食药质量安全管理中的应用多集中在产品溯源方面。这些应用将食品药品各环节的“痕迹信息”存储到区块链上，提高了数据不可篡改性和可信度，是对传统追溯体系在数据存储上的一个改进。然而，各环节检测数据的整合、底层数据源的可信性、参与主体的认证、监管工作的去人工化等问题仍需系统性的研究。结合区块链的去中心化、公开透明和安全可靠的技术特点，将从以下三个方面探讨区块链的潜在研究热点和解决思路。

（1）区块链物联网。食药质量安全管理需要在多个关键窗口期开展技术检测，常用的检测手段包括电子舌、电子鼻[10]、拉曼光谱[11]、飞行时间质谱[12]、色谱等。基于传感器和物联网技术，研发可兼容区块链基础设施的新型窗口期检测设备，对于构建区块链物联网具有重要意义。其中，区块链与终端设备的集成是关键技术，包括构建设备与区块链网络的双向认证机制、设计区块链底层的标准数据结构、制定数据加密和传输协议、形成信息互操作标准等。最终目标是构建“区块链物联网”，以覆盖食药质量安全管理中的各个事件，包括各类窗口期检测数据的产生、加密、共享和存储。

（2）食药行业联盟链。根据开放程度和规模大小，区块链的实施形态分为公有链、联盟链和私有链三种。公有链向所有人开放。比特币及现在的首次发行数字代币融资（initial coin offering，ICO）项目都是公有链。联盟链仅对行业成员开放，如产业链的上下游企业。私有链的规模最小，通常仅限在企业内部使用。联盟链和私有链由于其封闭性，通过制定准入规则，可以达到比公有链更高的安全性，并且对大数据资源的共享和保护有积极作用。由于食药生命周期通常涉及原料供应、加工、冷链运输、电商等多个上下游企业，因此联盟链较为适用。基于食药行业联盟链，可以实现新的监管模式。即监管部门仅需要制定联盟链的主体认证规则、窗口期检测标准、主体奖惩合约，而不需要参与具体的监督事务。政府监管部门事先与各主体共同商定奖惩合约，合约以可编程脚本语言的形式明确定义，利益相关者用私钥签名生效。生效后的智能合约，将会根据脚本内容自动触发执行。得益于这种分布式自治组织（decentralized autonomous organization，DAO）架构，政府角色将由传统的终端监督执行者转变为上层制度建设者。

（3）基于智能合约的管理决策支持。区块链使得各类图谱检测数据能够以分布式记账的方式进行存证，确保数据不可篡改、实现可信的溯源。在这些数据的基础上，如何通过智能合约实现关键窗口期质量监控和预警是关键问题。这要求区块链系统能够调用外部的异质数据（如宏观经济和历史数据）和推理模型（包括产生式规则、神经网络等），生成质量分级和定价推荐等决策。在运行效率和功耗控制上，还可以考虑设计基于 ASIC（application specific integrated circuit，专用集成电路）或 FPGA（field programmable gate array，现场可编程逻辑门阵列）的专用合约计算硬件，并提供线上线下混合计算。

除了区块链外，其他的应用场景中也需要对大数据资源和分析技术进行定制和适配。例如，分布式学习中如何同时保证数据资源的隐私和共享，联邦学习（federated learning）[321, 322]和集群学习（swarm learning）[323]都是较好的策略。还有云计算或 SaaS（software as a service，软件即服务）场景下如何设计分布式的算法及资源调度策略等。

# 参考文献


[1] Souza Monteiro D M，Caswell J A. Traceability adoption at the farm level：an empirical analysis of the Portuguese pear industry[J]. Food Policy，2009，34（1）：94-101.

[2] Antle J M. Economic analysis of food safety[M]//Gardner B L，Rausser G C. Handbook of Agricultural Economics：Volume 1B. Marketing，Distribution and Consumers. Amsterdam：North-Holland Publishing，2001：1083-1136.

[3] 乔娟. 基于食品质量安全的批发商认知和行为分析——以北京市大型农产品批发市场为例[J]. 中国流通经济，2011，25（1）：76-80.

[4] 刘增金，乔娟，张莉侠. 猪肉可追溯体系质量安全效应研究——基于生猪屠宰加工企业的视角[J]. 中国农业大学学报，2016，21（10）：127-134.

[5] 刘为军，潘家荣，丁文锋. 关于食品安全认识、成因及对策问题的研究综述[J]. 中国农村观察，2007，（5）：73-80.

[6] 王锋，张小栓，穆维松，等. 消费者对可追溯农产品的认知和支付意愿分析[J]. 中国农村经济，2009，（3）：68-74.

[7] Pillai S，Chakraborty J. A study to assess the knowledge regarding food adulteration among home makers regarding food safety standards in selected rural community[J]. Asian Journal of Nursing Education and Research，2017，7（1）：77.

[8] 赵翠萍，李永涛，陈紫帅. 食品安全治理中的相关者责任：政府，企业和消费者维度的分析[J]. 经济问题，2012，（6）：63-66.

[9] 孙宝国，王静，孙金沅. 中国食品安全问题与思考[J]. 中国食品学报，2013，5：1-5.

[10] Mol A P J. Governing China's food quality through transparency：a review[J]. Food Control，2014，43：49-56.

[11] Trienekens J H，Wognum P M，Beulens A J M，et al. Transparency in complex dynamic food supply chains[J]. Advanced Engineering Informatics，2012，26（1）：55-65.

[12] van Hoi P，Mol A P J，Oosterveer P J M. Market governance for safe food in developing countries：the case of low-pesticide vegetables in Vietnam[J]. Journal of Environmental Management，2009，91（2）：380-388.

[13] Resende-Filho M A，Hurley T M. Information asymmetry and traceability incentives for food safety[J]. International Journal of Production Economics，2012，139（2）：596-603.

[14] Hoffmann V，Moser C. You get what you pay for: the link between price and food safety in Kenya[J]. Agricultural Economics, 2017, 48: 449-458.

[15] Beske P，Land A，Seuring S. Sustainable supply chain management practices and dynamic capabilities in the food industry：a critical analysis of the literature[J]. International Journal of Production Economics，2014，152：131-143.

[16] Manzini R，Accorsi R. The new conceptual framework for food supply chain assessment[J]. Journal of Food Engineering，2013，115（2）：251-263.

[17] Lam H M，Remais J，Fung M C，et al. Food supply and food safety issues in China[J]. The Lancet，2013，381（9882）：2044-2053.

[18] Hsieh C C，Liu Y T. Quality investment and inspection policy in a supplier-manufacturer supply chain[J]. European Journal of Operational Research，2010，202（3）：717-729.

[19] Ortega D L，Wang H H，Wu L P，et al. Modeling heterogeneity in consumer preferences for select food safety attributes in China[J]. Food Policy，2011，36（2）：318-324.

[20] Cho D W，Lee Y H，Ahn S H，et al. A framework for measuring the performance of service supply chain management[J]. Computers & Industrial Engineering，2012，62（3）：801-818.

[21] van Asselt E D，Meuwissen M P M，Van Asseldonk M A P M，et al. Selection of critical factors for identifying emerging food safety risks in dynamic food production chains[J]. Food Control，2010，21（6）：919-926.

[22] Broughton E I，Walker D G. Policies and practices for aquaculture food safety in China[J]. Food Policy，2010，35（5）：471-478.

[23] Rouvière E，Caswell J A. From punishment to prevention：a French case study of the introduction of co-regulation in enforcing food safety[J]. Food Policy，2012，37（3）：246-254.

[24] Olugu E U，Wong K Y，Shaharoun A M. Development of key performance measures for the automobile green supply chain[J]. Resources，Conservation and Recycling，2011，55（6）：567-579.

[25] Dabbene F，Gay P，Tortia C. Traceability issues in food supply chain management：a review[J]. Biosystems Engineering，2014，120：65-80.

[26] Roopashree S，Anitha J. DeepHerb：a vision based system for medicinal plants using Xception features[J]. IEEE Access，2021，9：135927-135941.

[27] Liu C L，Lu W Y，Gao B Y，et al. Rapid identification of chrysanthemum teas by computer vision and deep learning[J]. Food Science & Nutrition，2020，8（4）：1968-1977.

[28] Cecotti H，Rivera A，Farhadloo M，et al. Grape detection with convolutional neural networks[J]. Expert Systems with Applications，2020，159：113588.

[29] Kurtulmuş F. Identification of sunflower seeds with deep convolutional neural networks[J]. Journal of Food Measurement and Characterization，2021，15（4）：1024-1033.

[30] Arora M，Mangipudi P，Dutta M K. Deep learning neural networks for acrylamide identification in potato chips using transfer learning approach[J]. Journal of Ambient Intelligence and Humanized Computing，2021，12（1）：10601-10614.

[31] Wen H，Park E，Tao C W，et al. Exploring user-generated content related to dining experiences of consumers with food allergies[J]. International Journal of Hospitality Management，2020，85（4）：102357.

[32] Pérez-Pérez M，Igrejas G，Fdez-Riverola F，et al. A framework to extract biomedical knowledge from gluten-related tweets：the case of dietary concerns in digital era[J]. Artificial Intelligence in Medicine，2021，118：102131.

[33] Rortais A，Barrucci F，Ercolano V，et al. A topic model approach to identify and track emerging

risks from beeswax adulteration in the media[J]. Food Control，2021，119：107435.

[34] Saberian N，Peyvandipour A，Donato M，et al. A new computational drug repurposing method using established disease-drug pair knowledge[J]. Bioinformatics（Oxford，England），2019，35（19）：3672-3678.

[35] Czolk R，Klueber J，Sørensen M，et al. IgE-mediated peanut allergy：current and novel predictive biomarkers for clinical phenotypes using multi-omics approaches[J]. Frontiers in Immunology，2020，11：594350.

[36] Jin M L，Ren W W，Zhang W G，et al. Exploring the underlying mechanism of shenyankangfu tablet in the treatment of glomerulonephritis through network pharmacology，machine learning，molecular docking，and experimental validation[J]. Drug Design，Development and Therapy，2021，15：4585-4601.

[37] Pang X C，Kang D，Fang J S，et al. Network pharmacology-based analysis of Chinese herbal Naodesheng formula for application to Alzheimer's disease[J]. Chinese Journal of Natural Medicines，2018，16（1）：53-62.

[38] Kim M，Kim Y B. Uncovering quercetin's effects against influenza a virus using network pharmacology and molecular docking[J]. Processes，2021，9（9）：1627.

[39] Wang T Y，Lu M，Du Q Q，et al. An integrated anti-arrhythmic target network of a Chinese medicine compound，Wenxin Keli，revealed by combined machine learning and molecular pathway analysis[J]. Molecular BioSystems，2017，13（5）：1018-1030.

[40] Zhang Y P，Yuan T H，Li Y S，et al. Network pharmacology analysis of the mechanisms of compound herba sarcandrae（Fufang Zhongjiefeng）aerosol in chronic pharyngitis treatment[J]. Drug Design，Development and Therapy，2021，15：2783-2803.

[41] Chung J，Oh W，Baek D，et al. Design and evaluation of smart glasses for food intake and physical activity classification[J]. Journal of Visualized Experiments，2018，（132）：56633.

[42] Fan Y，Yin L，Xue Y，et al. Analyzing the flavor compounds in Chinese traditional fermented shrimp pastes by HS-SPME-GC/MS and electronic nose[J]. Journal of Ocean University of China，2017，16（2）：311-318.

[43] Gliszczyńska-Świgło A，Chmielewski J. Electronic nose as a tool for monitoring the authenticity of food. A Review[J]. Food Analytical Methods，2017，10（6）：1800-1816.

[44] 李叶丽，史晓亚，黄登宇. 快速检测技术在白酒质量检测中的应用现状[J]. 食品安全质量检测学报，2018，9（10）：2291-2297.

[45] Giovenzana V，Beghi R，Buratti S，et al. Monitoring of fresh-cut *Valerianella locusta* Laterr. shelf life by electronic nose and VIS-NIR spectroscopy[J]. Talanta，2014，120：368-375.

[46] Hui G，Jin J，Deng S，et al. Winter jujube（*Zizyphus jujuba* Mill.）quality forecasting method based on electronic nose[J]. Food Chemistry，2015，170：484-491.

[47] 沈飞，吴启芳，姜大峰，等. 基于电子鼻技术的糙米黄曲霉毒素污染快速检测方法研究[J]. 中国粮油学报，2017，32（6）：146-151.

[48] 刘亚雄，刘丛丛，庄玥，等. 基于电子鼻技术对调味品中非法添加罂粟壳的检测[J]. 现代食品，2017，4（7）：81-85.

[49] 刘树萍，方伟佳. 气味指纹图谱技术在肉制品品质检测中的应用[J]. 中国调味品，2019，

44（1）：147-149，153.

[50] 蓝振威，季德，王淑美，等. 电子鼻融合 BP 神经网络鉴别生、醋广西莪术及姜黄素类成分的含量预测[J]. 中国中药杂志，2020，45（16）：3863-3870.

[51] 李国琴，黄艳茹，张强，等. 基于电子鼻技术对不同类型洋葱提取液的识别[J]. 食品安全质量检测学报，2021，12（20）：8034-8040.

[52] 陈远涛，熊忆舟，薛莹莹，等. 基于深度学习的电子鼻食品新鲜度检测与识别技术研究[J]. 传感技术学报，2021，34（8）：1131-1138.

[53] 赵笑颍，秦雅莉，沈圆圆，等. 料酒腌制对油炸罗非鱼风味的变化分析[J]. 现代食品科技，2021，37（3）：233-240.

[54] 李露芳，苏国万，张佳男，等. 基于电子舌技术的酱油分析识别研究[J]. 中国食品学报，2020，20（9）：265-274.

[55] 拱健婷，王佳宇，李莉，等. 基于电子鼻气味指纹图谱与 XGBoost 算法鉴别姜黄属中药[J]. 中国中药杂志，2019，44（24）：5375-5381.

[56] 彭秀辉，刘飞，陈珺，等. PCA-LS-SVM 预测模型在地沟油鉴别中的应用[J]. 计算机与应用化学，2013，30（10）：1207-1210.

[57] 魏建华，许慨，蔡颖，等. 出口水产品中孔雀石绿残留风险评价数学模型的建立[J]. 中国国境卫生检疫杂志，2012，35（2）：126-130.

[58] 胡铮瑢，陈喜生，罗晨曲，等. 清蛋糕中金黄色葡萄球菌生长预测模型的建立[J]. 食品安全质量检测学报，2019，10（4）：955-961.

[59] 姜同强，莫名垚，任钊，等. 贝叶斯网络及其在白酒安全预警中的应用[J]. 现代食品科技，2018，34（6）：288-292，273.

[60] 邱丽媛，梁泽华，吴鑫雨，等. 基于模式识别和遗传神经网络算法的醋香附近红外光谱等级评价和含量预测模型研究[J]. 中草药，2021，52（13）：3818-3830.

[61] 项锋，叶继锋，侯齐书. 基于 PCA 和 PLS-DA 算法的不同生长阶段贯叶金丝桃药材 HPLC 指纹图谱研究[J]. 药物分析杂志，2020，40（3）：568-576.

[62] 朱岩，戚进，余伯阳. “谱效整合指纹图谱技术”在中药物质基础方面的研究进展及思考[J]. 世界科学技术-中医药现代化，2019，21（8）：1702-1708.

[63] 张娟，张申，张力，等. 电子鼻结合统计学分析对牛肉中猪肉掺假的识别[J]. 食品科学，2018，39（4）：296-300.

[64] Moran F，Sullivan C，Keener K，et al. Facilitating smart HACCP strategies with process analytical technology[J]. Current Opinion in Food Science，2017，17：94-99.

[65] Fernández-Maestre R，Hill H H. Ion mobility spectrometry for the rapid analysis of over-the-counter drugs and beverages[J]. International Journal for Ion Mobility Spectrometry，2009，12（3）：91-102.

[66] Krueger C A，Midey A J，Kim T，et al. High performance ion mobility spectrometry as a fast and low cost green analytical technology part Ⅰ：analysis of nutritional supplements[J]. International Journal for Ion Mobility Spectrometry，2011，14（2）：71-79.

[67] Vautz W，Zimmermann D，Hartmann M，et al. Ion mobility spectrometry for food quality and safety[J]. Food Additives and Contaminants，2006，23（11）：1064-1073.

[68] Smith E，Dent G . Modern Raman Spectroscopy：A Practical Approach[M]. Chichester：John

Wiley & Sons Ltd，2005.

[69] Jiménez-Carvelo A M，Osorio M T，Koidis A，et al. Chemometric classification and quantification of olive oil in blends with any edible vegetable oils using FTIR-ATR and Raman spectroscopy[J]. LWT，2017，86：174-184.

[70] Zanuttin F，Gurian E，Ignat I，et al. Characterization of white wines from north-eastern Italy with surface-enhanced Raman spectroscopy[J]. Talanta，2019，203：99-105.

[71] Fikiet M A，Lednev I K. Raman spectroscopic method for semen identification：Azoospermia[J]. Talanta，2019，194：385-389.

[72] Ahmad N，Saleem M. Raman spectroscopy based characterization of desi ghee obtained from buffalo and cow milk[J]. International Dairy Journal，2019，89：119-128.

[73] Paraskevaidi M，Ashton K M，Stringfellow H F，et al. Raman spectroscopic techniques to detect ovarian cancer biomarkers in blood plasma[J]. Talanta，2018，189（13）：281-288.

[74] Wang H Y，Song C，Sha M，et al. Discrimination of medicine *Radix Astragali* from different geographic origins using multiple spectroscopies combined with data fusion methods[J]. Journal of Applied Spectroscopy，2018，85（2）：313-319.

[75] Zhang Z Y，Liu J，Wang H Y. Microchip-based surface enhanced Raman spectroscopy for the determination of sodium thiocyanate in milk[J]. Analytical Letters，2015，48（12）：1930-1940.

[76] Zhang Z Y，Sha M，Wang H Y. Laser perturbation two-dimensional correlation Raman spectroscopy for quality control of bovine colostrum products[J]. Journal of Raman Spectroscopy，2017，48（8）：1111-1115.

[77] Zygler A，Wasik A，Namieśnik J. Analytical methodologies for determination of artificial sweeteners in foodstuffs[J]. TrAC-Trends in Analytical Chemistry，2009，28（9）：1082-1102.

[78] Kroger M，Meister K，Kava R. Low-calorie sweeteners and other sugar substitutes：a review of the safety issues[J]. Comprehensive Reviews in Food Science and Food Safety，2006，5（2）：35-47.

[79] 国家卫计委.《食品安全国家标准包装饮用水》（GB 19298—2014），《食品安全国家标准食品添加剂使用标准》（GB 2760—2014）等37项食品安全国家标准发布[J]. 饮料工业，2014，（12）：46-47.

[80] Zhao L Q，Tepper B J. Perception and acceptance of selected high-intensity sweeteners and blends in model soft drinks by propylthiouracil（PROP）non-tasters and super-tasters[J]. Food Quality and Preference，2007，18（3）：531-540.

[81] Demiralay E Ç，Özkan G，Guzel-Seydim Z. Isocratic separation of some food additives by reversed phase liquid chromatography[J]. Chromatographia，2006，63（1）：91-96.

[82] Dossi N，Toniolo R，Susmel S，et al. Simultaneous RP-LC determination of additives in soft drinks[J]. Chromatographia，2006，63（11）：557-562.

[83] Wasik A，Mccourt J，Buchgraber M. Simultaneous determination of nine intense sweeteners in foodstuffs by high performance liquid chromatography and evaporative light scattering detection：development and single-laboratory validation[J]. Journal of Chromatography A，2007，1157（1-2）：187-196.

[84] Buchgraber M，Wasik A. Determination of nine intense sweeteners in foodstuffs by

highperformance liquid chromatography and evaporative light-scattering detection : interlaboratory study[J]. Journal of AOAC International，2009，92（1）：208-222.
[85] 松本ひろ子，平田恵子，坂牧成恵，等. HPLC による食品中のネオテーム，アリテームおよびアスパルテームの同時分析法[J]. 食品衛生学雑誌，2008，49（1）：31-36.
[86] Lim H S，Park S K，Kwak I S，et al. HPLC-MS/MS analysis of 9 artificial sweeteners in imported foods[J]. Food Science and Biotechnology，2013，22（1）：233-240.
[87] Grembecka M，Baran P，Błażewicz A，et al. Simultaneous determination of aspartame，acesulfame-K，saccharin，citric acid and sodium benzoate in various food products using HPLC-CAD-UV/DAD[J]. European Food Research and Technology，2014，238（3）：357-365.
[88] De Queiroz Pane D，Dias C B，Meinhart A D，et al. Evaluation of the sweetener content in diet/light/zero foods and drinks by HPLC-DAD[J]. Journal of Food Science and Technology，2015，52（11）：6900-6913.
[89] Chen Q C，Wang J. Simultaneous determination of artificial sweeteners，preservatives，caffeine，theobromine and theophylline in food and pharmaceutical preparations by ion chromatography[J]. Journal of Chromatography A，2001，937（1-2）：57-64.
[90] Zhu Y，Guo Y Y，Ye M L，et al. Separation and simultaneous determination of four artificial sweeteners in food and beverages by ion chromatography[J]. Journal of Chromatography A，2005，1085（1）：143-146.
[91] Herrmannová M，Křivánková L，Bartoš M，et al. Direct simultaneous determination of eight sweeteners in foods by capillary isotachophoresis[J]. Journal of Separation Science，2006，29（8）：1132-1137.
[92] Frazier R A，Inns E L，Dossi N，et al. Development of a capillary electrophoresis method for the simultaneous analysis of artificial sweeteners，preservatives and colours in soft drinks[J]. Journal of Chromatography A，2000，876（1-2）：213-220.
[93] Stojkovic M，Mai T D，Hauser P C. Determination of artificial sweeteners by capillary electrophoresis with contactless conductivity detection optimized by hydrodynamic pumping[J]. Analytica Chimica Acta，2013，787：254-259.
[94] Vistuba J P，Dolzan M D，Vitali L，et al. Sub-minute method for simultaneous determination of aspartame，cyclamate，acesulfame-K and saccharin in food and pharmaceutical samples by capillary zone electrophoresis[J]. Journal of Chromatography A，2015，1396：148-152.
[95] Turner R B，Brokenshire J L. Hand-held ion mobility spectrometers[J]. TrAC-Trends in Analytical Chemistry，1994，13（7）：275-280.
[96] Buryakov I A. Detection of explosives by ion mobility spectrometry[J]. Journal of Analytical Chemistry，2011，66（8）：674-694.
[97] Midey A J，Camacho A，Sampathkumaran J，et al. High-performance ion mobility spectrometry with direct electrospray ionization（ESI-HPIMS）for the detection of additives and contaminants in food[J]. Analytica Chimica Acta，2013，804：197-206.
[98] Jiang W X，Wang Z H，Beier R C，et al. Simultaneous determination of 13 fluoroquinolone and 22 sulfonamide residues in milk by a dual-colorimetric enzyme-linked immunosorbent assay[J]. Analytical Chemistry，2013，85（4）：1995-1999.

[99] Wang J，Cheng M T，Zhang Z，et al. An antibody-graphene oxide nanoribbon conjugate as a surface enhanced laser desorption/ionization probe with high sensitivity and selectivity[J]. Chemical Communications，2015，51（22）：4619-4622.

[100] Gan J R，Wei X，Li Y X，et al. Designer $SiO_2$@Au nanoshells towards sensitive and selective detection of small molecules in laser desorption ionization mass spectrometry[J]. Nanomedicine：Nanotechnology，Biology and Medicine，2015，11（7）：1715-1723.

[101] Zhao Y J，Deng G Q，Liu X H，et al. $MoS_2$/Ag nanohybrid：a novel matrix with synergistic effect for small molecule drugs analysis by negative-ion matrix-assisted laser desorption/ionization time-of-flight mass spectrometry[J]. Analytica Chimica Acta，2016，937：87-95.

[102] Geis-Asteggiante L，Nuñez A，Lehotay S J，et al. Structural characterization of product ions by electrospray ionization and quadrupole time-of-flight mass spectrometry to support regulatory analysis of veterinary drug residues in foods：Q-TOF MS/MS characterization of selected ions of veterinary drugs[J]. Rapid Communications in Mass Spectrometry，2014，28（10）：1061-1081.

[103] Graham D. The next generation of advanced spectroscopy：surface enhanced Raman scattering from metal nanoparticles[J]. Angewandte Chemie International Edition，2010，49（49）：9325-9327.

[104] Qu L L，Li D W，Xue J Q，et al. Batch fabrication of disposable screen printed SERS arrays[J]. Lab on a Chip，2012，12（5）：876-881.

[105] YU W W，WHITE I M. Inkjet-printed paper-based SERS dipsticks and swabs for trace chemical detection[J]. The Analyst，2013，138（4）：1020-1025.

[106] Wang J Q，Chen H，Zhang P，et al. Probing trace $Hg^{2+}$ in a microfluidic chip coupled with *in situ* near-infrared fluorescence detection[J]. Talanta，2013，114：204-210.

[107] Fang X，Chen H，Jiang X Y，et al. Microfluidic devices constructed by a marker pen on a silica gel plate for multiplex assays[J]. Analytical Chemistry，2011，83（9）：3596-3599.

[108] Abalde-Cela S，Auguié B，Fischlechner M，et al. Microdroplet fabrication of silver-agarose nanocomposite beads for SERS optical accumulation[J]. Soft Matter，2011，7（4）：1321-1325

[109] Fateixa S，Daniel-Da-Silva A L，Nogueira H I S，et al. Raman signal enhancement dependence on the gel strength of Ag/hydrogels used as SERS substrates[J]. Journal of Physical Chemistry C，2014，118（19）：10384-10392.

[110] Banerjee K K，Marimuthu P，Bhattacharyya P，et al. Effect of thiocyanate ingestion through milk on thyroid hormone homeostasis in women[J]. British Journal of Nutrition，1997，78（5）：679-681.

[111] Lin X，Hasi W L J，Lou X T，et al. Rapid and simple detection of sodium thiocyanate in milk using surface-enhanced Raman spectroscopy based on silver aggregates[J]. Journal of Raman Spectroscopy，2014，45（2）：162-167.

[112] Pienpinijtham P，Han X X，Ekgasit S，et al. Highly sensitive and selective determination of iodide and thiocyanate concentrations using surface-enhanced Raman scattering of starch-reduced gold nanoparticles[J]. Analytical Chemistry，2011，83（10）：3655-3662.

[113] Alvarez-Puebla R A，Liz-Marzán L M. SERS detection of small inorganic molecules and

ions[J]. Angewandte Chemie International Edition，2012，51（45）：11214-11223.

[114] White P，Hjortkjaer J. Preparation and characterisation of a stable silver colloid for SER(R)S spectroscopy[J]. Journal of Raman Spectroscopy，2013，45（1）：32-40.

[115] Cao L L，Cheng L W，Zhang Z Y，et al. Visual and high-throughput detection of cancer cells using a graphene oxide-based FRET aptasensing microfluidic chip[J]. Lab on a Chip，2012，12（22）：4864.

[116] Xu L J，Wang W Y，Zhang Z Y，et al. Microchip-based strategy for enrichment of acetylated proteins[J]. Microchimica Acta，2013，180（7-8）：613-618.

[117] Saito Y，Wang J J，Smith D A，et al. A simple chemical method for the preparation of silver surfaces for efficient SERS[J]. Langmuir，2002，18（8）：2959-2961.

[118] Liu B X，Wu T，Yang X H，et al. Portable microfluidic chip based surface-enhanced Raman spectroscopy sensor for crystal violet[J]. Analytical Letters，2014，47（16）：2682-2690.

[119] Rycenga M，Xia X，Moran C H，et al. Generation of hot spots with silver nanocubes for single-molecule detection by surface-enhanced Raman scattering[J]. Angewandte Chemie International Edition，2011，50（24）：5473-5477.

[120] Rajapandiyan P，Yang J. Sensitive cylindrical SERS substrate array for rapid microanalysis of nucleobases[J]. Analytical Chemistry，2012，84（23）：10277-10282.

[121] Kinnan M K，Chumanov G. Surface enhanced Raman scattering from silver nanoparticle arrays on silver mirror films：plasmon-induced electronic coupling as the enhancement mechanism[J]. Journal of Physics Chemistry C，2007，111（49）：18010-18017.

[122] Kim K，Lee H B，Shin K S. Silanization of polyelectrolyte-coated particles：an effective route to stabilize Raman tagging molecules adsorbed on micrometer-sized silver particles[J]. Langmuir，2008，24（11）：5893-5898.

[123] Wang L，Li H L，Tian J Q，et al. Monodisperse，micrometer-scale，highly crystalline，nanotextured Ag dendrites：rapid，large-scale，wet-chemical synthesis and their application as SERS substrates[J]. ACS Applied Materials & Interfaces，2010，2（11）：2987-2991.

[124] Molinou I E，Tsierkezos N G. Study of the interactions of sodium thiocyanate，potassium thiocyanate and ammonium thiocyanate in water + *N*, *N*-dimethylformamide mixtures by Raman spectroscopy[J]. Spectrochimica Acta Part A：Molecular and Biomolecular Spectroscopy，2008，71（3）：954-958.

[125] Chen C，Hutchison J，Clemente F，et al. Direct evidence of high spatial localization of hot spots in surface-enhanced Raman scattering[J]. Angewandte Chemie International Edition，2009，48（52）：9932-9935.

[126] Osaki T，Suzuki Y，Hirokawa K，et al. Hydrogen bond formations between pyrazine and formic acid and between pyrazine and trichloroacetic acid[J]. Spectrochimica Acta Part A：Molecular and Biomolecular Spectroscopy，2011，83（1）：175-179.

[127] Luke H D. The origins of the sampling theorem[J]. IEEE Communications Magazine，1999，37（4）：106-108.

[128] Eldar Y C，Kutyniok G. Compressed Sensing：Theory and Applications[M]. Cambridge：Cambridge University Press，2012.

[129] Bora A，Jalal A，Price E，et al. Compressed sensing using generative models[C]//Proceedings of the 34th International Conference on Machine Learning，2017，97：537-546.

[130] Jaspan O N，Fleysher R，Lipton M L. Compressed sensing MRI：a review of the clinical literature[J]. British Journal of Radiology，2015，88（1056）：20150487.

[131] Duarte M F，Davenport M A，Takhar D，et al. Single-pixel imaging via compressive sampling[J]. IEEE Signal Processing Magazine，2008，25（2）：83-91.

[132] Gamez G. Compressed sensing in spectroscopy for chemical analysis[J]. Journal of Analytical Atomic Spectrometry，2016，31（11）：2165-2174.

[133] Needell D，Tropp J A. CoSaMP：Iterative signal recovery from incomplete and inaccurate samples[J]. Applied and Computational Harmonic Analysis，2009，26（3）：301-321.

[134] Shi H J M，Case M，Gu X，et al. Methods for quantized compressed sensing[C/OL]//2016 Information Theory and Applications Workshop（ITA），La Jolla，2016：1-9. https://ieeexplore.ieee.org/document/7888203[2022-11-20].

[135] Wu Y，Rosca M，Lillicrap T. Deep compressed sensing[C/OL ]//Proceedings of Machine Learning Research，California：PMLR，2019. http://arxiv.org/abs/1905. 06723[2019-12-13].

[136] Singhal V，Majumdar a，Ward R K. Semi-supervised deep blind compressed sensing for analysis and reconstruction of biomedical signals from compressive measurements[J]. IEEE Access，2018，6：545-553.

[137] Edgar M P，Gibson G M，Padgett M J. Principles and prospects for single-pixel imaging[J]. Nature Photonics，2019，13（1）：13-20.

[138] Zhang Y S，Zhang Z Y，Zhao Y J，et al. Adaptive compressed sensing of Raman spectroscopic profiling data for discriminative tasks[J]. Talanta，2020，211：120681

[139] Mandrile L, Cagnasso I, Berta L, et al. Direct quantification of sulfur dioxide in wine by surface enhanced Raman spectroscopy[J]. Food Chemistry，2020, 326: 127009.

[140] Chen D D，Xie X F，Ao H，et al. Raman spectroscopy in quality control of Chinese herbal medicine. Journal of the Chinese Medical Association，2017，80 ( 5)：288-296.

[141] Jin H Q，Li H，Yin Z K，et al. Application of Raman spectroscopy in the rapid detection of waste cooking oil. Food Chemistry，2021，362：130191.

[142] Ali H，Nawaz H，Saleem M，et al. Qualitative analysis of desi ghee，edible oils，and spreads using Raman spectroscopy[J]. Journal of Raman Spectroscopy，2016，47（6）：706-711.

[143] Kohavi R. A study of cross-validation and bootstrap for accuracy estimation and model selection[C]//International Joint Conference on Artificial Intelligence，Montreal，Canada，1995，14：1137-1145.

[144] Filzmoser P，Liebmann B，Varmuza K. Repeated double cross validation[J]. Journal of Chemometrics，2009，23（4）：160-171.

[145] Ranstam J，Cook J A. LASSO regression[J]. British Journal of Surgery，2018，105（10）：1348-1348.

[146] Zhan Z F，Cai J F，Guo D，et al. Fast multiclass dictionaries learning with geometrical directions in MRI reconstruction[J]. IEEE Transactions on Biomedical Engineering，2016，63（9）：1850-1861.

[147] Deka B，Datta S. A practical under-sampling pattern for compressed sensing MRI[M]//Bora P K，Prasanna S R M，Sarma K K，et al. Advances in Communication and Computing. New Delhi：Springer，2015：115-125.

[148] Matthews L，Miller T. ASTM Protocols for analytical data interchange[J]. Journal of the Association for Laboratory Automation，2000，5（5）：60-61.

[149] Baumbach J I，Davies A N，Lampen P. JCAMP-DX. A standard format for the exchange of ion mobility spectrometry data（IUPAC Recommendations 2001）[J]. Pure and Applied Chemistry，73（11）：1765-1782.

[150] Martens L，Chambers M，Kessner D，et al. mzML—a community standard for mass spectrometry data[J]. Molecular & Cellular Proteomics，2011，10（1）：000133.

[151] Suarez-Rodriguez A，Simon-Cuevas A，Olivas J A. Using OpenCyc and domain ontologies for ontology learning from concept maps[C]//Omitaomu O A，Ganguly A R，Vatsavai R R，et al. Proceedings of the Fourth International Workshop on Knowledge Discovery. Mazatlan：Atlantis Press，2013：315-321.

[152] Hnatkowska B，Huzar Z，Dubielewicz I，et al. Development of domain model based on SUMO ontology[M]//Zamojski W，Mazurkiewicz J，Sugier J，et al. Theory and Engineering of Complex Systems and Dependability. Berlin：Springer International Publishing，2015：163-173.

[153] Blake J A，Chan J. Gene ontology consortium：going forward[J]. Nucleic Acids Research，2015，43（D1）：D1049-D1056.

[154] Hastings J，de Matos P，Dekker A，et al. The ChEBI reference database and ontology for biologically relevant chemistry：enhancements for 2013[J]. Nucleic Acids Research，2012，41（D1）：D456-D463.

[155] Kim S，Chen J，Cheng T，et al. PubChem 2019 update：improved access to chemical data[J]. Nucleic Acids Research，2019，47（D1）：D1102-D1109.

[156] Rajbhandari S，Keizer J. The AGROVOC concept scheme：a walkthrough[J]. Journal of Integrative Agriculture，2012，11（5）：694-699.

[157] Blank C E，Cui H，Moore L R，et al. MicrO：an ontology of phenotypic and metabolic characters，assays，and culture media found in prokaryotic taxonomic descriptions[J]. Journal of Biomedical Semantics，2016，7（18）：1-10.

[158] Karim H，Babaie M，Ahmadian L. A systematic review and the overview of a drug terminological system NDF-RT[J]. Journal of Health and Biomedical Informatics，2015，2（1）：42-47.

[159] Nelson S J，Zeng K，Kilbourne J，et al. Normalized names for clinical drugs：RxNorm at 6 years[J]. Journal of the American Medical Informatics Association，2011，18（4）：441-448.

[160] Magliulo L，Genovese L，Peretti V，et al. Application of ontologies to traceability in the dairy supply chain[J]. Agricultural Sciences，2013，4（5）：41-45.

[161] Pizzuti T，Mirabelli G，Sanz-bobi M A，et al. Food track & trace ontology for helping the food traceability control[J]. Journal of Food Engineering，2014，120：17-30.

[162] Pizzuti T，Mirabelli G，Grasso G，et al. MESCO（MEat Supply Chain Ontology）：an ontology for supporting traceability in the meat supply chain[J]. Food Control，2017，72：123-133.

[163] Turewicz M，Deutsch E W. Spectra，chromatograms，metadata：mzML-the standard data format for mass spectrometer output[M]//Hamacher M，Eisenacher M，Stephan C. Data Mining in Proteomics：From Standards to Applications. Totowa：Humana Press，2011：179-203.

[164] Wilhelm M，Kirchner M，Steen J A，et al. mz5：Space-and time-efficient storage of mass spectrometry data sets[J]. Molecular & Cellular Proteomics，2012，11（1）：1-5.

[165] 张寅升，王瑞，乔清冶，等. 基于双层建模的知识表达方法在医学知识库构建中的应用[J]. 中国生物医学工程学报，2017，36（5）：573-579.

[166] Sloman A. Why we need many knowledge representation formalisms[M]// Bramer M. Research and Development in Expert Systems: Proceedings of the 1984 BCS Expert Systems Conference. Cambridge :Cambridge University Press, 1985：163-183.

[167] Adusumilli R，Mallick P. Data conversion with ProteoWizard msConvert[M]//Comai L，Katz J E，Mallick P. Proteomics：Methods and Protocols. New York：Springer，2017：339-368.

[168] Perez-Riverol Y，Xu Q W，Wang R，et al. PRIDE Inspector Toolsuite：moving toward a universal visualization tool for proteomics data standard formats and quality assessment of ProteomExchange datasets[J]. Molecular & Cellular Proteomics，2016，15（1）：305-317.

[169] Dooley D M，Griffiths E J，Gosal J S，et al. FoodOn：a harmonized food ontology to increase global food traceability，quality control and data integration[J]. NPJ Science of Food，2018，2：23.

[170] Griffiths E，Dooley D，Graham M，et al. Context is everything：harmonization of critical food microbiology descriptors and metadata for improved food safety and surveillance[J]. Frontiers in Microbiology，2017，8：1068.

[171] Mayer G，Montecchi-Palazzi L，Ovelleiro D，et al. The HUPO proteomics standards initiative-mass spectrometry controlled vocabulary[J]. Database-The Journal of Biological Databases and Curation，2013，2013：bat009.

[172] Krupitzer C, Stein A. Food informatics—review of the current state-of-the-art, revised definition, and classification into the research landscape[J]. Foods，2021，10：2889.

[173] Buttigieg P L，Pafilis E，Lewis S E，et al. The environment ontology in 2016：bridging domains with increased scope，semantic density，and interoperation[J]. Journal of Biomedical Semantics，2016，7（1）：57.

[174] Cooper L，Jaiswal P. The plant ontology：a tool for plant genomics[M]//Edwards D. Plant Bioinformatics：Methods and Protocols. 2nd ed. New York：Springer，2016：89-114.

[175] Kanehisa M，Goto S，Sato Y，et al. Data，information，knowledge and principle：back to metabolism in KEGG[J]. Nucleic Acids Research，2014，42：D199-D205.

[176] Kanehisa M，Furumichi M，Tanabe M，et al. KEGG：new perspectives on genomes，pathways，diseases and drugs[J]. Nucleic Acids Research，2017，45：D353-D361.

[177] Bodenreider O. The Unified Medical Language System（UMLS）：integrating biomedical terminology[J]. Nucleic Acids Research，2004，32：D267-D270.

[178] Li T. Design and implementation of interworking between oneM2M and external systems [C/OL]//Proceedings of the 3rd International Conference on Mechatronics Engineering and Information Technology（ICMEIT 2019）. Paris：Atlantis Press，2019. https://www.

atlantis-press.com/article/55917171[2019-09-23].

[179] Li X Z，Wu Z Y，Goh M，et al. Ontological knowledge integration and sharing for collaborative product development[J]. International Journal of Computer Integrated Manufacturing，2018，31（3）：275-288.

[180] Yang X G，Luo R Y，Feng Z P. Using amino acid and peptide composition to predict membrane protein types[J]. Biochemical and Biophysical Research Communications，2007，353（1）：164-169.

[181] Gupta M R，Jacobson N P. Wavelet principal component analysis and its application to hyperspectral images[C/OL]//2006 International Conference on Image Processing，October 8-11，2006，Atlanta，GA，USA. IEEE，2006：1585-1588. https://ieeexplore.ieee.org/document/4106847/[2021-12-09].

[182] Wu J X，Zhou Z H. Face recognition with one training image per person[J]. Pattern Recognition Letters，2002，23（14）：1711-1719.

[183] Belkin M，Matveeva I，Niyogi P. Regularization and semi-supervised learning on large graphs[M]//Shawe-Taylor J，Singer Y. Learning Theory. Berlin：Springer，2004：624-638.

[184] Greenshtein E，Ritov Y. Persistence in high-dimensional linear predictor selection and the virtue of overparametrization[J]. Bernoulli，2004，10（6）：971-988.

[185] Fan J，Fan Y. High-dimensional classification using features annealed independence rules[J]. The Annals of Statistics，2008，36（6）：2605-2637.

[186] Bair E，Hastie T，Paul D，et al. Prediction by supervised principal components[J]. Publications of the American Statistical Association，2006，101：119-137.

[187] Liu W，Zhang H，Tao D，et al. Large-scale paralleled sparse principal component analysis[J]. Multimedia Tools and Applications，2016，75（3）：1481-1493.

[188] Zou H，Hastie T，Tibshirani R. Sparse principal component analysis[J]. Journal of Computational and Graphical Statistics，2006，15（2）：265-286.

[189] Nguyen D V，Rocke D M. Tumor classification by partial least squares using microarray gene expression data[J]. Bioinformatics，2002，18（1）：39-50.

[190] Huang X H，Pan W. Linear regression and two-class classification with gene expression data[J]. Bioinformatics，2003，19（16）：2072-2078.

[191] Anne-Laure B. PLS dimension reduction for classification of microarray data[J]. Statistical Applications in Genetics & Molecular Biology，2004，3（1）：1-29.

[192] Li K C. Sliced inverse regression for dimension reduction [J]. Journal of the American Statistical Association，1991，86（414）：316-327.

[193] Zhu L X，Miao B Q，Peng H. On sliced inverse regression with high-dimensional covariates[J]. Journal of the American Statistical Association，2006，101（474）：630-643.

[194] Bura E，Pfeiffer R M. Graphical methods for class prediction using dimension reduction techniques on DNA microarray data[J]. Bioinformatics，2003，19（10）：1252-1258.

[195] Tenenbaum J B，de Silva V，Langford J C. A global geometric framework for nonlinear dimensionality reduction[J]. Science，2000，290（5500）：2319-2323.

[196] Martinez-Del-Rincon J，LewandowskI M，Nebel J，et al. Generalized Laplacian eigenmaps for

modeling and tracking human motions[J]. IEEE Transactions on Cybernetics，2014，44（9）：1646-1660.
[197] Chen D，Müller H G. Nonlinear manifold representations for functional data[J]. Annals of Statistics，2012，40（1）：1-29.
[198] Sadtler P T，Quick K M，Golub M D，et al. Neural constraints on learning[J]. Nature，2014，512（7515）：423-426.
[199] Niyogi P. Manifold regularization and semi-supervised learning：some theoretical analyses[J]. Journal of Machine Learning Research，2013，14（1）：1229-1250.
[200] Ding M，Fan G L. Multilayer joint gait-pose manifolds for human gait motion modeling[J]. IEEE Transactions on Cybernetics，2015，45（11）：2413-2424.
[201] Rosman G，Bronstein M M，Bronstein A M，et al. Nonlinear dimensionality reduction by topologically constrained isometric embedding[J]. International Journal of Computer Vision，2010，89（1）：56-68.
[202] Guyon I，Elisseeff A. An introduction to variable and feature selection[J]. Journal of Machine Learning Research，2003，3：1157-1182.
[203] Subramanian A，Tamayo P，Mootha V K，et al. Gene set enrichment analysis：a knowledge-based approach for interpreting genome-wide expression profiles[J]. Proceedings of the National Academy of Sciences of the United States of America，2005，102（43）：15545-15550.
[204] Cozzolino D，Cynkar W U，Shah N，et al. Can spectroscopy geographically classify Sauvignon Blanc wines from Australia and New Zealand？[J]. Food Chemistry，2011，126（2）：673-678.
[205] Lecun Y，Bengio Y，Hinton G. Deep learning[J]. Nature，2015，521（7553）：436-444.
[206] Gulshan V，Peng L，Coram M，et al. Development and validation of a deep learning algorithm for detection of diabetic retinopathy in retinal fundus photographs[J]. JAMA，2016，316（22）：2402-2410.
[207] Han Z Y，Wei B Z，Zheng Y J，et al. Breast cancer multi-classification from histopathological images with structured deep learning model[J]. Scientific Reports，2017，7（1）：4172.
[208] He K M，Zhang X Y，Ren S Q，et al. Deep residual learning for image recognition[C/OL]//2016 IEEE Conference on Computer Vision and Pattern Recognition（CVPR），June 27-30，2016，Las Vegas，NV，USA. http://dx.doi.org/10.1109/cvpr.2016.90[2022-06-01].
[209] Anisimov D，Khanova T. Towards lightweight convolutional neural networks for object detection[C]//14th IEEE International Conference on Advanced Video and Signal Based Surveillance. IEEE，2017：1-8.
[210] Ren S Q，He K M，Girshick R，et al. Faster R-CNN：towards real-time object detection with region proposal networks[J]. IEEE Transactions on Pattern Analysis and Machine Intelligence，2017，39（6）：1137-1149.
[211] Redmon J，Divvala S，Girshick R，et al. You only look once：unified，real-time object detection[C/OL]//2016 IEEE Conference on Computer Vision and Pattern Recognition（CVPR），June 27-30，2016，Las Vegas. IEEE，2016：779-788. http://ieeexplore.ieee.org/document/7780460/[2019-11-06].
[212] Badrinarayanan V，Kendall A，Cipolla R. SegNet：a deep convolutional encoder-decoder

architecture for image segmentation[J]. IEEE Transactions on Pattern Analysis and Machine Intelligence，2017，39（12）：2481-2495.

[213] Fu H Z，Cheng J，Xu Y W，et al. Joint optic disc and cup segmentation based on multi-label deep network and polar transformation[J]. IEEE Transactions on Medical Imaging，2018，37（7）：1597-1605.

[214] Chen C，Liu X P，Ding M，et al. 3D Dilated multi-fiber network for real-time brain tumor segmentation in MRI[C]//Shen D G，Liu T M，Peters T M，et al. Medical Image Computing and Computer Assisted Intervention-MICCAI 2019. 22nd International Conference，Shenzhen，China，October 13-17，2019，Proceedings，Part Ⅰ.New York：Springer，2019：184-192.

[215] Vinyals O，Toshev A，Bengio S，et al. Show and tell：a neural image caption generator[OL]. https://arxiv.org/pdf/1411.4555v2.pdf[2021-11-06].

[216] Senior A W，Evans R，Jumper J，et al. Improved protein structure prediction using potentials from deep learning[J]. Nature，2020，577（7792）：706-710.

[217] Wei G W. Protein structure prediction beyond AlphaFold[J]. Nature Machine Intelligence，2019，1（8）：336-337.

[218] Ororbia I I A，Giles C L，Reitter D. Learning a deep hybrid model for semi-supervised text classification[C/OL]//Proceedings of the 2015 Conference on Empirical Methods in Natural Language Processing. http://dx.doi.org/10.18653/v1/d15-1053[2022-06-01].

[219] Jiang M Y，Liang Y C，Feng X Y，et al. Text classification based on deep belief network and softmax regression[J]. Neural Computing and Applications，2018，29（1）：61-70.

[220] Odeh F，Taweel A. SemVec：semantic features word vectors based deep learning for improved text classification[M]//Fagan D，Martín-Vide C，O'Neill M，et al. Theory and Practice of Natural Computing：Volume 11324. Cham：Springer International Publishing，2018：449-459.

[221] Prusa J D，Khoshgoftaar T M. Designing a better data representation for deep neural networks and text classification[C]//2016 IEEE 17th International Conference on Information Reuse and Integration（IRI），July 28-30，2016，Pittsburgh，PA，USA. IEEE，2016：411-416. http://ieeexplore.ieee.org/document/7785770/[2021-11-07].

[222] Jamal N，Xian Q，Aldabbas H. Deep learning-based sentimental analysis for large-scale imbalanced Twitter data[J]. Future Internet，2019，11（9）：190.

[223] Yadav A，Vishwakarma D K. Sentiment analysis using deep learning architectures：a review[J]. Artificial Intelligence Review，2020，53（6）：4335-4385.

[224] Floridi L，Chiriatti M. GPT-3：its nature，scope，limits，and consequences[J]. Minds and Machines，2020，30（4）：681-694.

[225] Ghosh K，Stuke A，Todorović M，et al. Deep learning spectroscopy：neural networks for molecular excitation spectra[J]. Advanced Science，2019，6（9）：1801367.

[226] Ho C S，Jean N，Hogan C A，et al. Rapid identification of pathogenic bacteria using Raman spectroscopy and deep learning[J]. Nature Communications，2019，10（1）：4927.

[227] Qu X B，Huang Y H，Lu H F，et al. Accelerated nuclear magnetic resonance spectroscopy with deep learning[J]. Angewandte Chemie International Edition，2020，132（26）：10383-10386.

[228] Rong D，Wang H Y，Ying Y B，et al. Peach variety detection using VIS-NIR spectroscopy and

deep learning[J]. Computers and Electronics in Agriculture，2020，175（2）：105553.

[229] Song J K，Grün C H，Heeren R，et al. High-resolution ion mobility spectrometry-mass spectrometry on poly（methyl methacrylate）[J]. Angewandte Chemie International Edition，2011，122（52）：10366-10369.

[230] Jafari M T，Saraji M，Sherafatmand H. Design for gas chromatography-corona discharge-ion mobility spectrometry[J]. Analytical Chemistry，2012，84（22）：10077-10084.

[231] 穆海洋，李艳君，单战虎，等. 便携式多源光谱融合水质分析仪的研制[J]. 光谱学与光谱分析，2010，30（9）：2586-2590.

[232] 姜安，彭江涛，彭思龙，等. 酒香型光谱分析和模式识别计算分析[J]. 光谱学与光谱分析，2010，30（4）：920-923.

[233] 夏立娅，申世刚，刘峥颢，等. 基于近红外光谱和模式识别技术鉴别大米产地的研究[J]. 光谱学与光谱分析，2013，33（1）：102-105.

[234] Li A P，Li Z Y，Sun H F，et al. Comparison of two different astragali radix by a $^1$H NMR-based metabolomic approach[J]. Journal of Proteome Research，2015，14（5）：2005-2016.

[235] Jiang W Y，Kan H，Li P D，et al. Screening and structural characterization of potential $\alpha$-glucosidase inhibitors from *Radix Astragali* flavonoids extract by ultrafiltration LC-DAD-ESI-MS$^n$[J]. Analytical Methods，2015，7（1）：123-128.

[236] Sun H F，Xie D S，Guo X Q，et al. Study on the relevance between beany flavor and main bioactive components in *Radix Astragali*[J]. Journal of Agricultural and Food Chemistry，2010，58（9）：5568-5573.

[237] Liu S H，Zhang X G，Sun S Q. Discrimination and feature selection of geographic origins of traditional Chinese medicine herbs with NIR spectroscopy[J]. Chinese Science Bulletin，2005，50（2）：179-184.

[238] Zhang D Q，Yang J，Jiang B. Isolation and characterization of 23 microsatellite loci in *Astragalus camptodontus*（Leguminosae），a traditional medicinal plant in Yunnan province[J]. Biochemical Systematics and Ecology，2013，50：448-451.

[239] Duan L X，Chen T L，Li M，et al. Use of the metabolomics approach to characterize Chinese medicinal material Huangqi[J]. Molecular Plant，2012，5（2）：376-386.

[240] Karunathilaka S R，Yakes B J，He K，et al. First use of handheld Raman spectroscopic devices and on-board chemometric analysis for the detection of milk powder adulteration[J]. Food Control，2018，92：137-146.

[241] Yang M，Sun J H，Lu Z Q，et al. Phytochemical analysis of traditional Chinese medicine using liquid chromatography coupled with mass spectrometry[J]. Journal of Chromatography A，2009，1216（11）：2045-2062.

[242] Qiu F，Tong Z Q，Gao J Y，et al. Rapid and simultaneous quantification of seven bioactive components in *Radix Astragali* based on pressurized liquid extraction combined with HPLC-ESI-MS/MS analysis[J]. Analytical Methods，2015，7（7）：3054-3062.

[243] Musa A B. A comparison of $\ell_1$-regularizion，PCA，KPCA and ICA for dimensionality reduction in logistic regression[J]. International Journal of Machine Learning and Cybernetics，2014，5（6）：861-873.

[244] Vinay A，Vinay S，Murthy K N B，et al. Face recognition using gabor wavelet features with PCA and KPCA：a comparative study[J]. Procedia Computer Science，2015，57：650-659.

[245] Wright J，Ma Y，Mairal J，et al. Sparse representation for computer vision and pattern recognition[J]. Proceedings of the IEEE，2010，98（6）：1031-1044.

[246] Elad M，Figueiredo M A T，Ma Y. On the role of sparse and redundant representations in image processing[J]. Proceedings of the IEEE，2010，98（6）：972-982.

[247] Gribonval R，Vandergheynst P. On the exponential convergence of matching pursuits in quasi-incoherent dictionaries[J]. IEEE Transactions on Information Theory，2006，52（1）：255-261.

[248] Tropp J A，Gilbert A C. Signal recovery from random measurements via orthogonal matching pursuit[J]. IEEE Transactions on Information Theory，2007，53（12）：4655-4666.

[249] Li H，Gao Y，Sun J. Fast kernel sparse representation[C/OL]//2011 International Conference on Digital Image Computing：Techniques and Applications（DICTA），December 6-8，2011，Noosa，QLD，Australia. http://dl.acm.org/doi/10.1109/DICTA [2021-08-27].

[250] Wright J，Yang A Y，Ganesh A，et al. Robust face recognition via sparse representation[J]. IEEE Transactions on Pattern Analysis and Machine Intelligence，2009，31（2）：210-227.

[251] Ma X Q，Shi Q，Duan J A，et al. Chemical analysis of *Radix Astragali*（Huangqi）in China：a comparison with its adulterants and seasonal variations[J]. Journal of Agricultural and Food Chemistry，2002，50，17：4861-4866.

[252] Wang Q Y，Li Z G，Ma Z H，et al. Real time monitoring of multiple components in wine fermentation using an on-line auto-calibration Raman spectroscopy[J]. Sensors and Actuators B：Chemical，2014，202：426-432.

[253] Wu Z Z，Xu E B，Long J，et al. Measurement of fermentation parameters of Chinese rice wine using Raman spectroscopy combined with linear and non-linear regression methods[J]. Food Control，2015，56：95-102.

[254] Rohman A，Nugroho A，Lukitaningsih E，et al. Application of vibrational spectroscopy in combination with chemometrics techniques for authentication of herbal medicine[J]. Applied Spectroscopy Reviews，2014，49（8）：603-613.

[255] Borràs E，Ferré J，Boqué R，et al. Data fusion methodologies for food and beverage authentication and quality assessment：a review[J]. Analytica Chimica Acta，2015，891：1-14.

[256] Davidovic S M，Veljovic M S，Pantelic M M，et al. Physicochemical，antioxidant and sensory properties of peach wine made from redhaven cultivar[J]. Journal of Agricultural and Food Chemistry，2013，61（6）：1357-1363..

[257] Chen C W，Cao K，Wang L R，et al. Molecular ID establishment of main China peach varieities and peach related species[J]. Scientia Agricultura Sinica，2011，10：2081-2093.

[258] Sirisomboon P，Tanaka M，Kojima T，et al. Nondestructive estimation of maturity and textural properties on tomato "Momotaro" by near infrared spectroscopy[J]. Journal of Food Engineering，2012，112（3）：218-226..

[259] Mireei S A，Mohtasebi S S，Sadeghi M. Comparison of linear and non-linear calibration models for non-destructive firmness determining of "Mazafati" date fruit by near infrared spectroscopy[J].

International Journal of Food Properties，2014，17（6）：1199-1210.

[260] Das A J，Wahi A，Kothari I，et al. Ultra-portable，wireless smartphone spectrometer for rapid，non-destructive testing of fruit ripeness[J]. Scientific Reports，2016，6（1）：32504.

[261] Lampan K，Panmanas S. Rapid evaluation of the texture properties of melon（*Cucumis melo* L. Var. reticulata cv. Green net）using near infrared spectroscopy[J]. Journal of Texture Studies，2018，49：387-394.

[262] El Sheikha A F，Metayer I，Montet D. A biological bar′code for determining the geographical origin of fruit by using 28S rDNA fingerprinting of fungal communities by PCRDGGE：an application to *Physalis* fruits from Egypt[J]. Food Biotechnology，2011，25（2）：115-125.

[263] Nojima S，Linn C，Roelofs W. Identification of host fruit volatiles from flowering dogwood（*Cornus florida*）attractive to dogwood-origin *Rhagoletis pomonella* flies[J]. Journal of Chemical Ecology，2003，29（10）：2347-2357.

[264] Licciardello F，Muratore G，Avola C. Geographical origin assessment of orange juices by comparison of free aminoacids distribution [J]. Acta Horticulturae，2009，892：389-394.

[265] Nicolai BM，Beullens K，Bobelyn E. Nondestructive measurement of fruit and vegetable quality by means of NIR spectroscopy：a review[J]. Postharvest Biology and Technology，2007，46（2）：99-118.

[266] Cen H Y，Bao Y D，He Y，et al. Visible and near infrared spectroscopy for rapid detection of citric and tartaric acids in orange juice [J]. Journal of Food Engineering，2007，82（2）：253-260.

[267] Guo W C，Gu J S，Liu D Y，et al. Peach variety identification using near-infrared diffuse reflectance spectroscopy[J]. Computers and Electronics in Agriculture，2016，123：297-303.

[268] Zhang C，Shen T T，Liu F，et al. Identification of coffee varieties using laser-induced breakdown spectroscopy and chemometrics[J]. Sensors，2017，18（1）：95.

[269] Porker K，Zerner M，Cozzolino D. Classification and authentication of barley（*Hordeum vulgare*）malt varieties：combining attenuated total reflectance mid-in-frared spectroscopy with chemometrics[J]. Food Anal Methods，2017，10（3）：675-682.

[270] Li C H，Li L L，Wu Y，et al. Apple variety identification using near-infrared spectroscopy[J]. Journal of Spectroscopy，2018：6935197.

[271] Vincent J，Wang H，Nibouche O，et al. Differentiation of apple varieties and investigation of organic status using portable visible range reflectance Spectroscopy[J]. Sensors，2018，18（6）：1708.

[272] Luna A S，Da Silva A P，Da Silva C S，et al. Chemometric methods for classification of clonal varieties of green coffee using Raman spectroscopy and direct sample analysis[J]. Journal of Food Composition and Analysis，2019，76：44-50.

[273] Porep J U，Kammerer D R，Carle R. On-line application of near infrared（NIR）spectroscopy in food production[J]. Trends in Food Science & Technology，2015，46（2）：211-230.

[274] Wang S，Sun J，Mehmood I，et al. Cerebral micro-bleeding identification based on a nine-layer convolutional neural network with stochastic pooling[J]. Concurrency and Computation：Practice and Experience，2019，32（1）：e5130.

[275] Wang K，Wang H Q，Shu Y，et al. Banknote image defect recognition method based on

convolution neural network[J]. International Journal of Security and Its Applications，2016，10（6）：269-280.

[276] Feng J，Li F M，Lu S X，et al. Injurious or noninjurious defect identification from MFL images in pipeline inspection using convolutional neural network[J]. IEEE Transactions on Instrumentation and Measurement，2017，66（7）：1883-1892.

[277] Cha Y J，Choi W，Büyüköztürk O. Deep learning-based crack damage detection using convolutional neural networks[J]. Computer-Aided Civil and Infrastructure Engineering，2017，32（5）：361-378.

[278] Tong Z，Gao J，Zhang H T. Innovative method for recognizing subgrade defects based on a convolutional neural network[J]. Construction and Building Materials，2018，169：69-82.

[279] Al Arif S M M R，Knapp K，Slabaugh G. Fully automatic cervical vertebrae segmentation framework for X-ray images[J]. Computer Methods and Programs in Biomedicine，2018，157：95-111.

[280] Cao X G，Wang P，Meng C，et al. Region based CNN for foreign object debris detection on airfield pavement[J]. Sensors（Basel，Switzerland），2018，18（3）：737.

[281] Acquarelli J，Van Laarhoven T，Gerretzen J，et al. Convolutional neural networks for vibrational spectroscopic data analysis[J]. Analytica Chimica Acta，2017，954：22-31.

[282] Malek S，Melgani F，Bazi Y. One-dimensional convolutional neural networks for spectroscopic signal regression[J]. Journal of Chemometrics，2017，32（5）：e2977.

[283] Chen Y Y，Wang Z B. Quantitative analysis modeling of infrared spectroscopy based on ensemble convolutional neural networks[J]. Chemometrics and Intelligent Laboratory Systems，2018，181：1-10.

[284] Yao Y P，Zhao G Z，Yan Y Y，et al. Milk fat globules by confocal Raman microscopy：differences in human，bovine and caprine milk[J]. Food Research International，2016，80：61-69.

[285] 张淑萍，陆娟. 我国乳品行业市场发展整体状况研究[J]. 中国乳品工业，2013，41（11）：33-37.

[286] Lanckriet G，Cristianini N，Bartlett P，et al. Learning the kernel matrix with semidefinite programming[J]. Journal of Machine Learning Research，2004，5：323-330.

[287] Hinrichs C，Singh V，Xu G，et al. MKL for robust multi-modality AD classification[C]//Yang G Z，Hawkes D，Rueckert D，et al. Medical Image Computing and Computer-Assisted Intervention-MICCAI 2009. 12th International Conference，London，UK，September 20-24，2009，Proceedings，Part Ⅰ.Berlin：Springer，2009：786-794.

[288] Bucak S S，Jin R，Jain A K. Multiple kernel learning for visual object recognition：a review[J]. IEEE Transactions on Pattern Analysis and Machine Intelligence，2014，36（7）：1354-1369.

[289] Camps-Valls G，Gomez-Chova L，Munoz-Mari J，et al. Composite kernels for hyperspectral image classification[J]. IEEE Geoscience and Remote Sensing Letters，2006，3（1）：93-97.

[290] Rakotomamonjy A，Bach F，Canu S，et al. SimpleMKL[J]. Journal of Machine Learning Research，2008，9：2491-2521.

[291] 唐玉莲，梁逸曾，范伟，等. 应用近红外光谱快速鉴别不同年龄段人食用的奶粉品种[J]. 红

外，2010，31（1）：30-35.

[292] 华李，王菊香，邢志娜，等. 改进的K/S算法对近红外光谱模型传递影响的研究[J]. 光谱学与光谱分析，31（2）：362-365.

[293] Gutiérrez P A，López-Granados F，Peña-Barragán J M，et al. Logistic regression product-unit neural networks for mapping *Ridolfia segetum* infestations in sunflower crop using multitemporal remote sensed data[J]. Computers and Electronics in Agriculture，2008，64（2）：293-306.

[294] Becker-Reshef I，Chris J，Mark S，et al. Monitoring global croplands with coarse resolution earth observations：the Global Agriculture Monitoring（GLAM）project[J]. Remote Sensing，2010，2（6）：1589-1609.

[295] McQueen R，Garner S，Witten I H，et al. Applying machine learning to agricultural data[J]. Computers and Electronics in Agriculture，1995，12（4）：275-293.

[296] Tesfaye K，Sonder K，Cairns J，et al. Targeting drought-tolerant maize varieties in southern Africa：a geospatial crop modeling approach using big data[J]. International Food and Agribusiness Management Review，2016，19：1-18.

[297] Bengio Y，Schwenk H，Senécal J S，et al. Neural probabilistic language models[J]. Innovations in Machine Learning，2006：137-186.

[298] Kalchbrenner N，Grefenstette E，Blunsom P. A convolutional neural network for modelling sentences[C]//Proceedings of the 52nd Annual Meeting of the Association for Computational Linguistics（Volume 1：Long Papers）. Baltimore：Association for Computational Linguistics，2014：655-665.

[299] Li J，Mohamed A，Zweig G，et al. LSTM time and frequency recurrence for automatic speech recognition[C/OL]//2015 IEEE Workshop on Automatic Speech Recognition and Understanding（ASRU）. IEEE，2015. http://dx.doi.org/10.1109/asru.2015.7404793 [2022-11-20].

[300] Platt J C，Toutanova K，Yih W T. Translingual document representations from discriminative projections[C]//Proceedings of the 2010 Conference on Empirical Methods in Natural Language Processing. Cambridge：Association for Computational Linguistics，2010：251-261.

[301] Shi L，Mihalcea R，Tian M. Cross language text classification by model translation[C]//Proceedings of 2010 Conference on Empirical Methods in Natural Language Processing. Stroudsburg: Association for Computational Linguistics，2010：1057-1106.

[302] Zhu Y，Chen Y，Lu Z，et al. Heterogeneous transfer learning for image classification[C]//Proceedings of the Twenty-Fifth AAAI Conference on Artificial Intelligence. Palo Alto: AAAI Press，2011：1304-1309.

[303] Li W，Duan L X，Xu D，et al. Learning with augmented features for supervised and semi-supervised heterogeneous domain adaptation[J]. IEEE Transactions on Pattern Analysis and Machine Intelligence，2014，36（6）：1134-1148.

[304] Narasimhan K，Kulkarni T，Barzilay R. Language understanding for text-based games using deep reinforcement learning[C]//Proceedings of the 2015 Conference on Empirical Methods in Natural Language Processing. Lisbon：Association for Computational Linguistics，2015：1-11.

[305] Hsu C K，Hwang G J，Chang C K. Development of a reading material recommendation system

based on a knowledge engineering approach[J]. Computers & Education，2010，55（1）：76-83.

[306] Vaswani A，Shazeer N，Parmar N，et al. Attention is all you need[C]//Proceedings of the 31st International Conference on Neural Information Processing Systems. Red Hook：Curran Associates Inc.，2017：6000-6010.

[307] Sornlertlamvanich V，Kruengkrai C. Effectiveness of keyword and semantic relation extraction for knowledge map generation[M]//Murakami Y，Lin D. Worldwide Language Service Infrastructure：Volume 9442. Cham：Springer International Publishing，2016：188-199.

[308] Sykuta M E，Sykuta M E. Big data in agriculture：property rights，privacy and competition in ag data services[J]. 2016，19：57-74.

[309] Carbonell I. The ethics of big data in big agriculture[J]. Internet Policy Review，2016，5（1）：1-13.

[310] Nandyala C S，Kim H K. Big and meta data management for U-agriculture mobile services[J]. International Journal of Software Engineering and its Applications，2016，10（2）：257-270.

[311] Rodriguez D，de Voil P，Rufino M C，et al. To mulch or to munch？Big modelling of big data[J]. Agricultural Systems，2017，153：32-42.

[312] Kshetri N. The emerging role of big data in key development issues：opportunities，challenges，and concerns[J]. Big Data & Society，2014，1（2）:1-20.

[313] Frelat R，Lopez-Ridaura S，Giller K E，et al. Drivers of household food availability in sub-Saharan Africa based on big data from small farms[J]. Proceedings of the National Academy of Sciences，2016，113（2）：458-463.

[314] Sawant M，Urkude R，Jawale S. Organized data and information for efficacious agriculture using PRIDE™ model[J]. International Food and Agribusiness Management Review，2016，19：1-6.

[315] Yang C W，Huang Q Y，Li Z L，et al. Big data and cloud computing：innovation opportunities and challenges[J]. International Journal of Digital Earth，2017，10（1）：13-53.

[316] Hashem I，Yaqoob I，Anuar N B，et al. The rise of “big data” on cloud computing：review and open research issues[J]. Information Systems，2015，47：98-115.

[317] Schnase J L，Duffy D Q，Tamkin G S，et al. MERRA analytic services：meeting the big data challenges of climate science through cloud-enabled climate analytics-as-a-service[J]. Computers，Environment and Urban Systems，2014，61：198-211.

[318] Wolfert S，Ge L，Verdouw C，et al. Big data in smart farming：a review[J]. Agricultural Systems，2017，153：69-80.

[319] Coimbra De Almeida P D，Bernardino J. Big data open source platforms[C]//2015 IEEE International Congress on Big Data. Los Alamitos：IEEE，2015：268-275.

[320] Stancin I，Jovic A. An overview and comparison of free Python libraries for data mining and big data analysis[C]//2019 42nd International Convention on Information and Communication Technology，Electronics and Microelectronics（MIPRO）.Rijeka：IEEE，2019：977-982.

[321] Lu Y L，Huang X H，Zhang K，et al. Blockchain empowered asynchronous federated learning for secure data sharing in internet of vehicles[J]. IEEE Transactions on Vehicular Technology，2020，69（4）：4298-4311.

[322] Nguyen D C，Ding M，Pham Q V，et al. Federated learning meets blockchain in edge computing：opportunities and challenges[J]. IEEE Internet of Things Journal，2021，8（16）：12806-12825.

[323] Warnat-Herresthal S，Schultze H，Shastry K L，et al. Swarm learning for decentralized and confidential clinical machine learning[J]. Nature，2021，594（7862）：265-270.

# 后　记

食药质量安全管理是一个涉及多主体、多环节、多要素的复杂系统。本书以极具领域特色的图谱检测数据为研究对象，系统介绍了其来源、领域特点、表征、存储、传输和分析的各个方面。

本书在理论上提出了一套基于食药质量安全领域特点的大数据处理框架，在此基础上笔者团队研发了云决策原型系统，目前已经整合了针对多种检测对象的异构数据，包括拉曼光谱、飞行时间质谱、仿生传感器等各类模态数据共计4135项，集成包括FoodOn、ENVO、PO、ChEBI在内的标准化术语1 811 903条，实现了面向乳制品、道地药材、地标农产品等各类对象的分析算法51项，开发了基础算法库和交互式数据分析平台，并成功实施了乳制品、中药材等对象的质量安全云决策示范应用。

本书的成书离不开国家自然科学基金委员会的资助，在此表示感谢。本书一定程度上回答了领域大数据的价值发现和业务赋能问题，也是对国家自然科学基金委员会“大数据驱动的管理与决策研究”重大研究计划的践行。笔者希望本书能起到以小见大、抛砖引玉的作用，能够为其他领域的大数据赋能研究提供参考。